高等学校算法类课程系列教材

数据结构教程

（Python语言描述） 第2版 学习与上机实验指导

李春葆 主编
蒋林 李筱驰 副主编

清华大学出版社
北京

内 容 简 介

本书是《数据结构教程(Python语言描述)》(第2版·微课视频版)(李春葆主编,清华大学出版社,以下简称为《教程》)的配套学习和上机实验指导书,详细给出了《教程》中所有练习题和上机实验题的解题思路和参考答案、在线编程题的AC代码,并给出两份实验报告的示例。书中练习题和实验题不仅涵盖"数据结构"课程的基本知识点,还融合了各个知识点的运用和扩展,学习、理解和借鉴这些参考答案是掌握和提高数据结构知识的最佳途径。本书自成一体,可以脱离《教程》单独使用。

本书适合高等院校计算机及相关专业学生使用。

版权所有,侵权必究。举报:010-62782989,beiqinquan@tup.tsinghua.edu.cn。

图书在版编目(CIP)数据

数据结构教程(Python语言描述)(第2版)学习与上机实验指导 / 李春葆主编. -- 北京:清华大学出版社,2025.3. --(高等学校算法类课程系列教材). -- ISBN 978-7-302-68703-0

Ⅰ.TP312.8

中国国家版本馆CIP数据核字第2025H6Q376号

策划编辑:魏江江
责任编辑:王冰飞
封面设计:刘 键
责任校对:郝美丽
责任印制:杨 艳

出版发行:清华大学出版社
    网 址:https://www.tup.com.cn,https://www.wqxuetang.com
    地 址:北京清华大学学研大厦A座 邮 编:100084
    社 总 机:010-83470000 邮 购:010-62786544
    投稿与读者服务:010-62776969,c-service@tup.tsinghua.edu.cn
    质量反馈:010-62772015,zhiliang@tup.tsinghua.edu.cn
    课件下载:https://www.tup.com.cn,010-83470236
印 装 者:三河市龙大印装有限公司
经 销:全国新华书店
开 本:185mm×260mm 印 张:12.5 字 数:305千字
版 次:2025年5月第1版 印 次:2025年5月第1次印刷
印 数:1~1000
定 价:39.80元

产品编号:106542-01

前言 Preface

　　党的二十大报告指出：教育、科技、人才是全面建设社会主义现代化国家的基础性、战略性支撑。必须坚持科技是第一生产力、人才是第一资源、创新是第一动力，深入实施科教兴国战略、人才强国战略、创新驱动发展战略，开辟发展新领域新赛道，不断塑造发展新动能新优势。高等教育与经济社会发展紧密相连，对促进就业创业、助力经济社会发展、增进人民福祉具有重要意义。

　　本书分为三部分和一个附录。

　　第一部分按《教程》中的章顺序给出所有练习题的解题思路和参考答案，包含61道问答题和60道算法分析与设计题。

　　第二部分按《教程》中的章顺序给出所有实验题的解题思路和参考答案，包含28道基础实验题和44道应用实验题。

　　第三部分按《教程》中的章顺序给出所有LeetCode(力扣中国网站)在线编程题的解题思路和参考答案(需要说明的是书中给出每题的执行用时和内存消耗只是编者提交时的运行情况，后面随着环境的变化可能发生改变)，包含57道题，每题提供了详细的讲解视频，累计超过8小时。

　　附录A给出了实验报告的格式和两份实验报告的示例。

　　本书提供练习题算法设计源代码和上机题源代码。

> **资源下载提示**
>
> **素材(源码)等资源**：扫描目录上方的二维码下载。
>
> **微课视频**：扫描封底的文泉云盘防盗码，再扫描书中相应章节的视频讲解二维码，可以在线学习。

　　所有算法题和实验题均上机调试通过，所有在线编程题均在力扣中国网站中提交通过，采用的是Python 3.7版本。书中同时列出了全部练习题和上机实验题，因此自成一体，可以脱离《教程》单独使用。

　　感谢力扣中国网站的大力支持。由于编者水平所限，尽管不遗余力，书中仍可能存在不足之处，敬请读者批评指正。

编　者

2025年3月

目 录 Contents

扫一扫

源码下载

第一部分 练习题及参考答案 /1

1.1 第1章 绪论 /1

1.2 第2章 线性表 /1

1.3 第3章 栈和队列 /1

1.4 第4章 串和数组 /2

1.5 第5章 递归 /2

1.6 第6章 树和二叉树 /2

1.7 第7章 图 /2

1.8 第8章 查找 /3

1.9 第9章 排序 /3

第二部分 上机实验题及参考答案 /4

2.1 第1章 绪论 /4

 2.1.1 上机实验题 /4

 2.1.2 上机实验题参考答案 /4

2.2 第2章 线性表 /6

 2.2.1 基础实验题 /6

 2.2.2 基础实验题参考答案 /7

 2.2.3 应用实验题 /20

  2.2.4 应用实验题参考答案 /22
 2.3 第 3 章 栈和队列 /34
  2.3.1 基础实验题 /34
  2.3.2 基础实验题参考答案 /35
  2.3.3 应用实验题 /39
  2.3.4 应用实验题参考答案 /40
 2.4 第 4 章 串和数组 /49
  2.4.1 基础实验题 /49
  2.4.2 基础实验题参考答案 /49
  2.4.3 应用实验题 /57
  2.4.4 应用实验题参考答案 /58
 2.5 第 5 章 递归 /64
  2.5.1 基础实验题 /64
  2.5.2 基础实验题参考答案 /64
  2.5.3 应用实验题 /66
  2.5.4 应用实验题参考答案 /66
 2.6 第 6 章 树和二叉树 /69
  2.6.1 基础实验题 /69
  2.6.2 基础实验题参考答案 /70
  2.6.3 应用实验题 /74
  2.6.4 应用实验题参考答案 /75
 2.7 第 7 章 图 /85
  2.7.1 基础实验题 /85
  2.7.2 基础实验题参考答案 /85
  2.7.3 应用实验题 /89
  2.7.4 应用实验题参考答案 /90
 2.8 第 8 章 查找 /101
  2.8.1 基础实验题 /101
  2.8.2 基础实验题参考答案 /101
  2.8.3 应用实验题 /106
  2.8.4 应用实验题参考答案 /106
 2.9 第 9 章 排序 /111
  2.9.1 基础实验题 /111
  2.9.2 基础实验题参考答案 /112
  2.9.3 应用实验题 /118
  2.9.4 应用实验题参考答案 /118

第三部分　LeetCode在线编程题及参考答案　/124

3.1　第1章　绪论　/124
3.1.1　LeetCode在线编程题　/124
3.1.2　LeetCode在线编程题参考答案　/124

3.2　第2章　线性表　/125
3.2.1　LeetCode在线编程题　/125
3.2.2　LeetCode在线编程题参考答案　/127

3.3　第3章　栈和队列　/134
3.3.1　LeetCode在线编程题　/134
3.3.2　LeetCode在线编程题参考答案　/136

3.4　第4章　串和数组　/143
3.4.1　LeetCode在线编程题　/143
3.4.2　LeetCode在线编程题参考答案　/144

3.5　第5章　递归　/148
3.5.1　LeetCode在线编程题　/148
3.5.2　LeetCode在线编程题参考答案　/149

3.6　第6章　树和二叉树　/151
3.6.1　LeetCode在线编程题　/151
3.6.2　LeetCode在线编程题参考答案　/153

3.7　第7章　图　/157
3.7.1　LeetCode在线编程题　/157
3.7.2　LeetCode在线编程题参考答案　/160

3.8　第8章　查找　/165
3.8.1　LeetCode在线编程题　/165
3.8.2　LeetCode在线编程题参考答案　/167

3.9　第9章　排序　/173
3.9.1　LeetCode在线编程题　/173
3.9.2　LeetCode在线编程题参考答案　/174

附录A　实验报告格式　/183

A.1　线性表实验报告示例　/184
A.2　图实验报告示例　/187

第一部分 练习题及参考答案

1.1 第1章 绪论

扫一扫

习题＋答案

1.2 第2章 线性表

扫一扫

习题＋答案

1.3 第3章 栈和队列

扫一扫

习题＋答案

1.4　第4章　串和数组

扫一扫

习题+答案

1.5　第5章　递归

扫一扫

习题+答案

1.6　第6章　树和二叉树

扫一扫

习题+答案

1.7　第7章　图

扫一扫

习题+答案

1.8 第 8 章 查找

扫一扫

习题+答案

1.9 第 9 章 排序

扫一扫

习题+答案

第二部分 上机实验题及参考答案

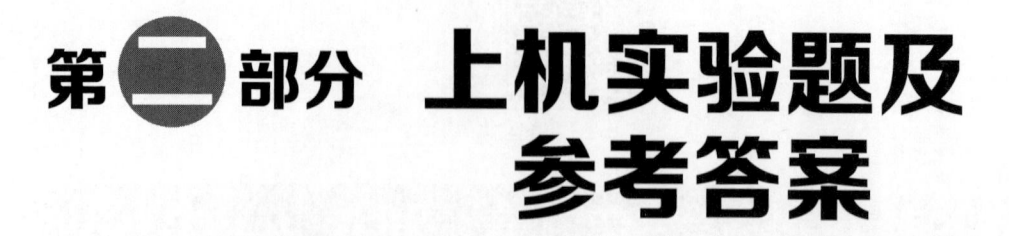

2.1 第1章 绪论

说明：本节所有上机实验题的程序文件位于 ch1 文件夹中。

2.1.1 上机实验题

1. 编写一个 Python 程序，求一元二次方程 $ax^2+bx+c=0$ 的根，并采用相关数据测试。
2. 求 $1+(1+2)+(1+2+3)+\cdots(1+2+3+\cdots+n)$ 之和有以下 3 种解法。

解法 1：采用两重迭代，依次求出 $(1+2+\cdots+i)(1\leqslant i\leqslant n)$ 后累加。

解法 2：将解法简化为采用一重迭代实现求和。

解法 3：直接利用公式 $n(n+1)(n+2)/6$ 求和。

编写一个 Python 程序，利用上述 3 种解法求 $n=50\,000$ 时的结果，并且给出各种解法的执行时间。

2.1.2 上机实验题参考答案

1. 解：设计 Exp1 类，它包含 a、b、c 和 ans 属性，其中 ans 列表存放求解结果；另外设计 solve() 方法求方程的根，设计 disp() 方法输出结果。对应的实验程序 Exp1.py 如下。

```python
import math
class Exp1:
    def __init__(self,a1,b1,c1):                    #构造方法
        self.a=a1
        self.b=b1
        self.c=c1
        self.ans=[]
    def solve(self):                                #求方程的根
        d=self.b*self.b-4*self.a*self.c;
        if math.fabs(d)<=0.0001:                    #等于 0
            x1=(-self.b+math.sqrt(d))/(2*self.a)
```

```
            self.ans.append(x1)
        elif (d>0):
            x1=(-self.b+math.sqrt(d))/(2*self.a)
            self.ans.append(x1)
            x2=(-self.b-math.sqrt(d))/(2*self.a)
            self.ans.append(x2)
    def disp(self):                                      #输出结果
        if len(self.ans)==0:
            print("无根")
        elif len(self.ans)==1:
            print("一个根为%.1f" %(self.ans[0]))
        else:
            print("两个根为%.1f和%.1f" %(self.ans[0],self.ans[1]))

#主程序
print("\n 测试 1")
a,b,c=2,-3,4
s=Exp1(a,b,c)
s.solve()
print("   a=%.1f,b=%.1f,c=%.1f " %(a,b,c),end=': ')
s.disp()

print("\n 测试 2")
a,b,c=1,-2,1
s=Exp1(a,b,c)
s.solve()
print("   a=%.1f,b=%.1f,c=%.1f " %(a,b,c),end=': ')
s.disp()

print("\n 测试 3")
a,b,c=2,-1,-1
s=Exp1(a,b,c)
s.solve()
print("   a=%.1f,b=%.1f,c=%.1f " %(a,b,c),end=': ')
s.disp()
```

上述程序的执行结果如图 2.1 所示。

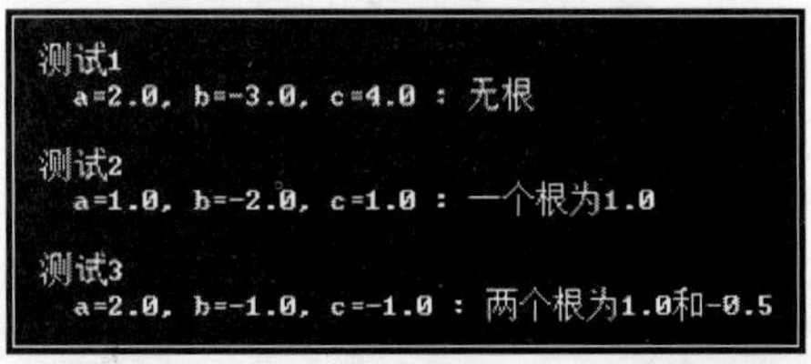

图 2.1　第 1 章实验题 1 的执行结果

2. 解：对应的实验程序 Exp2.py 如下。

```
import time
class Exp2:
    def solve1(self,n):                                  #解法 1
        sum=0
        for i in range(1,n+1):
```

```
            for j in range(1,i+1):
                sum+=j;
            return sum
        def solve2(self,n):                        #解法2
            sum,sum1=0,0
            for i in range(1,n+1):
                sum1+=i
                sum+=sum1
            return sum
        def solve3(self,n):                        #解法3
            sum=n*(n+1)*(n+2)//6
            return sum

#主程序
n=50000
s=Exp2()
print("\n n=%d\n" %(n))
t1 = time.time()                                   #获取开始时间
print(" 解法1 sum1=%d" %(s.solve1(n)))
t2 = time.time()                                   #获取结束时间
print(" 运行时间:%ds" %(t2-t1))
t1 = time.time()                                   #获取开始时间
print(" 解法2 sum2=%d" %(s.solve2(n)))
t2 = time.time()                                   #获取结束时间
print(" 运行时间:%ds" %(t2-t1))
t1 = time.time()                                   #获取开始时间
print(" 解法3 sum3=%d" %(s.solve3(n)))
t2 = time.time()                                   #获取结束时间
print(" 运行时间:%ds" %(t2-t1))
```

上述程序的执行结果如图2.2所示。解法1的时间复杂度为$O(n^2)$,解法2的时间复杂度为$O(n)$,解法3的时间复杂度为$O(1)$。

图2.2 第1章实验题2的执行结果

2.2 第2章 线性表

说明:本节所有上机实验题的程序文件位于ch2文件夹中。

2.2.1 基础实验题

1. 设计整数顺序表的基本运算程序,并用相关数据进行测试。
2. 设计整数单链表的基本运算程序,并用相关数据进行测试。

3. 设计整数双链表的基本运算程序,并用相关数据进行测试。
4. 设计整数循环单链表的基本运算程序,并用相关数据进行测试。
5. 设计整数循环双链表的基本运算程序,并用相关数据进行测试。

2.2.2 基础实验题参考答案

1. 解:顺序表的基本运算算法的设计原理参见《教程》中的 2.2.2 节。包含顺序表基本运算算法类 SqList 以及测试主程序的 Exp1-1.py 文件如下:

```
class SqList:                                          #顺序表类
    def __init__(self):                                #构造函数
        self.initcapacity=5;                           #初始容量设置为 5
        self.capacity=self.initcapacity                #容量设置为初始容量
        self.data=[None] * self.capacity               #设置顺序表的空间
        self.size=0                                    #长度设置为 0

    def resize(self,newcapacity):                      #改变顺序表的容量为 newcapacity
        assert newcapacity>=0                          #检测参数正确性的断言
        olddata=self.data
        self.data=[None] * newcapacity
        self.capacity=newcapacity
        for i in range(self.size):
            self.data[i]=olddata[i]

    def CreateList(self,a):                            #由数组 a 中的元素整体建立顺序表
        self.size=0
        for i in range(0,len(a)):
            if self.size==self.capacity:               #出现上溢出时
                self.resize(2 * self.size);            #扩大容量
            self.data[self.size]=a[i]
            self.size+=1                               #添加后元素个数增加 1

    def Add(self,e):                                   #在线性表的末尾添加一个元素 e
        if self.size==self.capacity:
            self.resize(2 * self.size)                 #顺序表空间满时倍增容量
        self.data[self.size]=e                         #添加元素 e
        self.size+=1                                   #长度增 1

    def getsize(self):                                 #返回长度
        return self.size

    def __getitem__(self,i):                           #求序号为 i 的元素
        assert 0<=i<self.size                          #检测参数 i 正确性的断言
        return self.data[i]

    def __setitem__(self,i,x):                         #设置序号为 i 的元素
        assert 0<=i<self.size                          #检测参数 i 正确性的断言
        self.data[i]=x

    def GetNo(self,e):                                 #查找第一个为 e 的元素的序号
        i=0
        while i<self.size and self.data[i]!=e:         #查找元素 e
```

```python
            i+=1
        if (i>=self.size):
            return -1;                                    # 未找到时返回-1
        else:
            return i;                                     # 找到后返回其序号

    def Insert(self,i,e):                                 # 在线性表中序号为 i 的位置插入元素 e
        assert 0<=i<=self.size                            # 检测参数 i 正确性的断言
        if self.size==self.capacity:
            self.resize(2 * self.size)                    # 满时倍增容量
        for j in range(self.size,i,-1):                   # 将 data[i]及后面的元素后移一个位置
            self.data[j]=self.data[j-1]
        self.data[i]=e                                    # 插入元素 e
        self.size+=1                                      # 长度增 1

    def Delete(self,i):                                   # 在线性表中删除序号为 i 的元素
        assert 0<=i<=self.size-1                          # 检测参数 i 正确性的断言
        for j in range(i,self.size-1):
            self.data[j]=self.data[j+1]                   # 将 data[j]之后的元素前移一个位置
        self.size-=1                                      # 长度减 1
        if self.capacity > self.initcapacity and self.size <= self.capacity/4:
            self.resize(self.capacity//2)                 # 满足要求时容量减半

    def display(self):                                    # 输出顺序表
        for i in range(0,self.size):
            print(self.data[i],end=' ')
        print()

if __name__ == '__main__':
    L=SqList()
    print()
    print(" 建立空顺序表 L,其容量=%d" %(L.capacity))
    a=[1,2,3,4,5,6]
    print("  1~6 创建 L")
    L.CreateList(a)
    print("  L[容量=%d,长度=%d]: " %(L.capacity,L.getsize()),end=''),L.display()
    print("  插入 6~10")
    for i in range(6,11):
        L.Add(i)
    print("  L[容量=%d,长度=%d]: " %(L.capacity,L.getsize()),end=''),L.display()
    print("  序号为 2 的元素=%d" %(L[2]))
    print("  设置序号为 2 的元素为 20")
    L[2]=20
    print("  L[容量=%d,长度=%d]: " %(L.capacity,L.getsize()),end=''),L.display()
    x=6
    print("  第一个值为%d 的元素序号=%d" %(x,L.GetNo(x)))
    n=L.getsize()
    for i in range(n-2):
        print(" 删除首元素")
        L.Delete(0)
        print("  L[容量=%d,长度=%d]: " %(L.capacity,L.getsize()),end=''),L.display()
```

上述程序的执行结果如图 2.3 所示。

```
建立空顺序表L，其容量=5
1~6创建L
L[容量=10,长度=6]: 1 2 3 4 5 6
插入6~10
L[容量=20,长度=11]: 1 2 3 4 5 6 6 7 8 9 10
序号为2的元素=3
设置序号为2的元素为20
L[容量=20,长度=11]: 1 2 20 4 5 6 6 7 8 9 10
第一个值为6的元素序号=5
删除首元素
L[容量=20,长度=10]: 2 20 4 5 6 6 7 8 9 10
删除首元素
L[容量=20,长度=9]: 20 4 5 6 6 7 8 9 10
删除首元素
L[容量=20,长度=8]: 4 5 6 6 7 8 9 10
L[容量=20,长度=7]: 5 6 6 7 8 9 10
L[容量=20,长度=6]: 6 6 7 8 9 10
删除首元素
L[容量=10,长度=5]: 6 7 8 9 10
删除首元素
L[容量=10,长度=4]: 7 8 9 10
删除首元素
L[容量=10,长度=3]: 8 9 10
删除首元素
L[容量=5,长度=2]: 9 10
```

图2.3 第2章基础实验题1的执行结果

2. 解：单链表的基本运算算法的设计原理参见《教程》中的2.3.2节。包含单链表基本运算算法类 LinkList 以及测试主程序的 Exp1-2.py 文件如下：

```python
class LinkNode:                           #单链表结点类
    def __init__(self,data=None):         #构造函数
        self.data=data                    #data属性
        self.next=None                    #next属性

class LinkList:                           #单链表类
    def __init__(self):                   #构造函数
        self.head=LinkNode()              #头结点head
        self.head.next=None

    def CreateListF(self,a):              #头插法：由数组a整体建立单链表
        for i in range(0,len(a)):         #循环建立数据结点s
            s=LinkNode(a[i])              #新建存放a[i]元素的结点s
            s.next=self.head.next         #将s结点插入开始结点之前、头结点之后
            self.head.next=s

    def CreateListR(self,a):              #尾插法：由数组a整体建立单链表
        t=self.head                       #t始终指向尾结点,开始时指向头结点
        for i in range(0,len(a)):         #循环建立数据结点s
            s=LinkNode(a[i])              #新建存放a[i]元素的结点s
            t.next=s                      #将s结点插入t结点之后
            t=s
        t.next=None                       #将尾结点的next成员置为None

    def geti(self,i):                     #返回序号为i的结点
        p=self.head
        j=-1
        while (j<i and p is not None):
            j+=1
            p=p.next
```

```python
        return p

    def Add(self,e):                        #在线性表的末尾添加一个元素e
        s=LinkNode(e)                       #新建结点s
        p=self.head
        while p.next is not None:           #查找尾结点p
            p=p.next
        p.next=s;                           #在尾结点之后插入结点s

    def getsize(self):                      #返回长度
        p=self.head
        cnt=0
        while p.next is not None:           #找到尾结点为止
            cnt+=1
            p=p.next
        return cnt

    def __getitem__(self,i):                #求序号为i的元素
        assert i>=0                         #检测参数i正确性的断言
        p=self.geti(i)
        assert p is not None                #p不为空的检测
        return p.data

    def __setitem__(self,i,x):              #设置序号为i的元素
        assert i>=0                         #检测参数i正确性的断言
        p=self.geti(i)
        assert p is not None                #p不为空的检测
        p.data=x

    def GetNo(self,e):                      #查找第一个为e的元素的序号
        j=0
        p=self.head.next
        while p is not None and p.data!=e:
            j+=1                            #查找元素e
            p=p.next
        if p is None:
            return -1                       #未找到时返回-1
        else:
            return j                        #找到后返回其序号

    def Insert(self,i,e):                   #在线性表中序号为i的位置插入元素e
        assert i>=0                         #检测参数i正确性的断言
        s=LinkNode(e)                       #建立新结点s
        p=self.geti(i-1)                    #找到序号为i-1的结点p
        assert p is not None                #p不为空的检测
        s.next=p.next                       #在p结点的后面插入s结点
        p.next=s

    def Delete(self,i):                     #在线性表中删除序号为i的位置的元素
        assert i>=0                         #检测参数i正确性的断言
        p=self.geti(i-1)                    #找到序号为i-1的结点p
        assert p.next is not None           #p.next不为空的检测
        p.next=p.next.next;                 #删除p结点的后继结点
```

```python
    def display(self):                    #输出线性表
        p=self.head.next
        while p is not None:
            print(p.data,end=' ')
            p=p.next;
        print()

if __name__ == '__main__':
    L=LinkList()
    print()
    print("  建立空单链表 L")
    a=[1,2,3,4,5,6]
    print("  1~6创建 L")
    L.CreateListR(a)
    print("  L[长度=%d]: " %(L.getsize()),end=''),L.display()
    print("  插入6~10")
    for i in range(6,11):
        L.Add(i)
    print("  L[长度=%d]: " %(L.getsize()),end=''),L.display()
    print("  序号为2的元素=%d" %(L[2]))
    print("  设置序号为2的元素为20")
    L[2]=20
    print("  L[长度=%d]: " %(L.getsize()),end=''),L.display()
    x=6
    print("  第一个值为%d的元素序号=%d" %(x,L.GetNo(x)))
    n=L.getsize()
    for i in range(n-2):
        print("  删除首元素")
        L.Delete(0)
        print("  L[长度=%d]: " %(L.getsize()),end=''),L.display()
```

上述程序的执行结果如图 2.4 所示。

图 2.4 第 2 章基础实验题 2 的执行结果

3. 解：双链表的基本运算算法的设计原理参见《教程》中的 2.3.4 节。包含双链表基本运算算法类 DLinkList 以及测试主程序的 Exp1-3.py 文件如下：

```python
class DLinkNode:                                    # 双链表结点类
    def __init__(self, data=None):                  # 构造函数
        self.data = data                            # data 属性
        self.next = None                            # next 属性
        self.prior = None                           # prior 属性

class DLinkList:                                    # 双链表类
    def __init__(self):                             # 构造函数
        self.dhead = DLinkNode()                    # 头结点 dhead
        self.dhead.next = None
        self.dhead.prior = None

    def CreateListF(self, a):                       # 头插法：由数组 a 整体建立双链表
        for i in range(0, len(a)):                  # 循环建立数据结点 s
            s = DLinkNode(a[i])                     # 新建存放 a[i] 元素的结点 s,将其插入表头
            s.next = self.dhead.next                # 修改 s 结点的 next 成员
            if self.dhead.next != None:             # 修改头结点的非空后继结点的 prior
                self.dhead.next.prior = s
            self.dhead.next = s                     # 修改头结点的 next
            s.prior = self.dhead                    # 修改 s 结点的 prior

    def CreateListR(self, a):                       # 尾插法：由数组 a 整体建立双链表
        t = self.dhead                              # t 始终指向尾结点,开始时指向头结点
        for i in range(0, len(a)):                  # 循环建立数据结点 s
            s = DLinkNode(a[i])                     # 新建存放 a[i] 元素的结点 s
            t.next = s                              # 将 s 结点插入 t 结点之后
            s.prior = t
            t = s
        t.next = None                               # 将尾结点的 next 成员置为 None

    def geti(self, i):                              # 返回序号为 i 的结点
        p = self.dhead
        j = -1
        while (j < i and p is not None):
            j += 1
            p = p.next
        return p

    def Add(self, e):                               # 在线性表的末尾添加一个元素 e
        s = DLinkNode(e)                            # 新建结点 s
        p = self.dhead
        while p.next is not None:                   # 查找尾结点 p
            p = p.next
        p.next = s;                                 # 在尾结点之后插入结点 s
        s.prior = p

    def getsize(self):                              # 返回长度
        p = self.dhead
        cnt = 0
        while p.next is not None:                   # 找到尾结点为止
```

```
            cnt+=1
            p=p.next
        return cnt

    def __getitem__(self,i):              #求序号为i的元素
        assert i>=0                       #检测参数i正确性的断言
        p=self.geti(i)
        assert p is not None              #p不为空的检测
        return p.data

    def __setitem__(self,i,x):            #设置序号为i的元素
        assert i>=0                       #检测参数i正确性的断言
        p=self.geti(i)
        assert p is not None              #p不为空的检测
        p.data=x

    def GetNo(self,e):                    #查找第一个为e的元素的序号
        j=0
        p=self.dhead.next
        while p is not None and p.data!=e:
            j+=1                          #查找元素e
            p=p.next
        if p is None:
            return -1                     #未找到时返回-1
        else:
            return j                      #找到后返回其序号

    def Insert(self,i,e):                 #在线性表中序号为i的位置插入元素e
        assert i>=0                       #检测参数i正确性的断言
        s=DLinkNode(e)                    #建立新结点s
        p=self.geti(i-1)                  #找到序号为i-1的结点p
        assert p is not None              #p不为空的检测
        s.next=p.next                     #修改s结点的next
        if p.next!=None:
            p.next.prior=s                #修改p结点的非空后继结点的prior
        p.next=s                          #修改p结点的next
        s.prior=p                         #修改s结点的prior

    def Delete(self,i):                   #在线性表中删除序号为i的位置的元素
        assert i>=0                       #检测参数i正确性的断言
        p=self.geti(i)                    #找到序号为i的结点p
        assert p is not None              #p不为空的检测
        p.prior.next=p.next               #修改p结点的前驱结点的next
        if p.next!=None:
            p.next.prior=p.prior          #修改p结点的非空后继结点的prior

    def display(self):                    #输出线性表
        p=self.dhead.next
        while p is not None:
            print(p.data,end=' ')
            p=p.next;
        print()
```

```python
if __name__ == '__main__':
    L=DLinkList()
    print()
    print("  建立空双链表 L")
    a=[1,2,3,4,5,6]
    print("  1~6 创建 L")
    L.CreateListR(a)
    print("  L[长度=%d]: " %(L.getsize()),end=''),L.display()
    print("  插入 6~10")
    for i in range(6,11):
        L.Add(i)
    print("  L[长度=%d]: " %(L.getsize()),end=''),L.display()
    print("  序号为 2 的元素=%d" %(L[2]))
    print("  设置序号为 2 的元素为 20")
    L[2]=20
    print("  L[长度=%d]: " %(L.getsize()),end=''),L.display()
    x=6
    print("  第一个值为%d 的元素序号=%d" %(x,L.GetNo(x)))
    n=L.getsize()
    for i in range(n-2):
        print("  删除首元素")
        L.Delete(0)
        print("  L[长度=%d]: " %(L.getsize()),end=''),L.display()
```

上述程序的执行结果如图 2.5 所示。

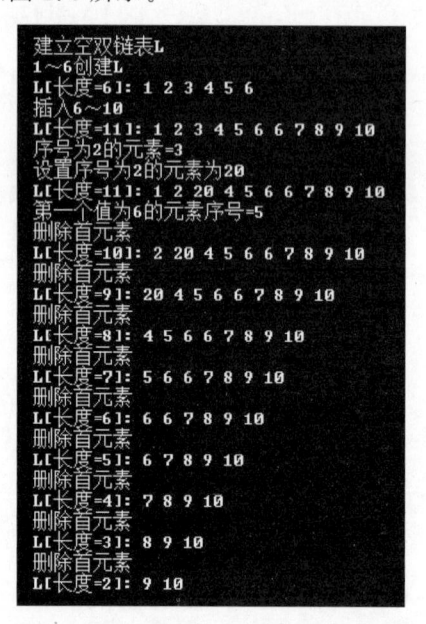

图 2.5 第 2 章基础实验题 3 的执行结果

4. 解：循环单链表的基本运算算法的设计原理参见《教程》中的 2.3.6 节。包含循环单链表基本运算算法类 CLinkList 以及测试主程序的 Exp1-4.py 文件如下：

```
class LinkNode:                          #循环单链表结点类
    def __init__(self,data=None):        #构造函数
```

```python
        self.data=data                          # data 属性
        self.next=None                          # next 属性

class CLinkList:                                # 循环单链表类
    def __init__(self):                         # 构造函数
        self.head=LinkNode()                    # 头结点 head
        self.head.next=self.head                # 构成循环

    def CreateListF(self,a):                    # 头插法：由数组 a 整体建立循环单链表
        for i in range(0,len(a)):               # 循环建立数据结点 s
            s=LinkNode(a[i])                    # 新建存放 a[i]元素的结点 s
            s.next=self.head.next               # 将 s 结点插入开始结点之前、头结点之后
            self.head.next=s

    def CreateListR(self,a):                    # 尾插法：由数组 a 整体建立循环单链表
        t=self.head                             # t 始终指向尾结点，开始时指向头结点
        for i in range(0,len(a)):               # 循环建立数据结点 s
            s=LinkNode(a[i]);                   # 新建存放 a[i]元素的结点 s
            t.next=s                            # 将 s 结点插入 t 结点之后
            t=s
        t.next=self.head                        # 将尾结点的 next 改为指向头结点

    def geti(self,i):                           # 返回序号为 i 的结点
        p=self.head                             # 首先 p 指向头结点
        j=-1                                    # 头结点的编号看成-1
        while (j<i):
            j+=1
            p=p.next
            if p==self.head: break
        return p

    def Add(self,e):                            # 在线性表的末尾添加一个元素 e
        s=LinkNode(e)                           # 新建结点 s
        p=self.head
        while p.next!=self.head:                # 查找尾结点 p
            p=p.next
        p.next=s;                               # 在尾结点之后插入结点 s
        s.next=self.head

    def getsize(self):                          # 返回长度
        p=self.head
        cnt=0
        while p.next!=self.head:                # 找到尾结点为止
            cnt+=1
            p=p.next
        return cnt

    def __getitem__(self,i):                    # 求序号为 i 的元素
        assert i>=0                             # 检测参数 i 正确性的断言
        p=self.geti(i)
        assert p!=self.head                     # p 不为头结点的检测
        return p.data

    def __setitem__(self,i,x):                  # 设置序号为 i 的元素
```

```python
            assert i>=0                          #检测参数i正确性的断言
            p=self.geti(i)
            assert p!=self.head                  #p不为头结点的检测
            p.data=x

        def GetNo(self,e):                       #查找第一个为e的元素的序号
            j=0
            p=self.head.next                     #首先p指向首结点
            while p!=self.head and p.data!=e:
                j+=1                             #查找元素e
                p=p.next
            if p==self.head:
                return -1                        #未找到时返回-1
            else:
                return j                         #找到后返回其序号

        def Insert(self,i,e):                    #在线性表中序号为i的位置插入元素e
            assert i>=0                          #检测参数i正确性的断言
            s=LinkNode(e)                        #建立新结点s
            if (i==0):                           #插入作为首结点
                s.next=self.head.next
                self.head.next=s
            else:
                p=self.geti(i-1)                 #找到序号为i-1的结点p
                assert p!=self.head              #p不为头结点的检测
                s.next=p.next                    #在p结点后面插入s结点
                p.next=s

        def Delete(self,i):                      #在线性表中删除序号为i的位置的元素
            assert i>=0                          #检测参数i正确性的断言
            p=self.geti(i-1)                     #找到序号为i-1的结点p
            assert p.next!=self.head             #p.next不为头结点的检测
            p.next=p.next.next;                  #删除p结点的后继结点

        def display(self):                       #输出线性表
            p=self.head.next                     #首先p指向首结点
            while p!=self.head:
                print(p.data,end=' ')
                p=p.next
            print()

if __name__ == '__main__':
    L=CLinkList()
    print()
    print("  建立循环单链表L")
    a=[1,2,3,4,5,6]
    print("    1~6创建L")
    L.CreateListR(a)
    print("    L[长度=%d]: " %(L.getsize()),end=''),L.display()
    print("    插入6~10")
    for i in range(6,11):
        L.Add(i)
    print("    L[长度=%d]: " %(L.getsize()),end=''),L.display()
```

```
    print("  序号为2的元素=%d" %(L[2]))
    print("  设置序号为2的元素为20")
    L[2]=20
    print("  L[长度=%d]: " %(L.getsize()),end=''),L.display()
    x=6
    print("  第一个值为%d的元素序号=%d" %(x,L.GetNo(x)))
    n=L.getsize()
    for i in range(n-2):
        print("  删除首元素")
        L.Delete(0)
        print("  L[长度=%d]: " %(L.getsize()),end=''),L.display()
```

上述程序的执行结果如图 2.6 所示。

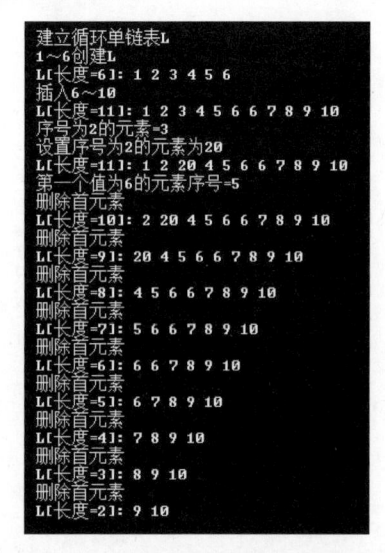

```
建立循环单链表L
1~6创建L
L[长度=6]: 1 2 3 4 5 6
插入6~10
L[长度=11]: 1 2 3 4 5 6 6 7 8 9 10
序号为2的元素=3
设置序号为2的元素为20
L[长度=11]: 1 2 20 4 5 6 6 7 8 9 10
第一个值为6的元素序号=5
删除首元素
L[长度=10]: 2 20 4 5 6 6 7 8 9 10
删除首元素
L[长度=9]: 20 4 5 6 6 7 8 9 10
删除首元素
L[长度=8]: 4 5 6 6 7 8 9 10
删除首元素
L[长度=7]: 5 6 6 7 8 9 10
删除首元素
L[长度=6]: 6 6 7 8 9 10
删除首元素
L[长度=5]: 6 7 8 9 10
删除首元素
L[长度=4]: 7 8 9 10
删除首元素
L[长度=3]: 8 9 10
删除首元素
L[长度=2]: 9 10
```

图 2.6 第 2 章基础实验题 4 的执行结果

5. 解：循环双链表的基本运算算法的设计原理参见《教程》中的 2.3.6 节。包含循环双链表基本运算算法类 CDLinkList 以及测试主程序的 Exp1-5.py 文件如下：

```
class DLinkNode:                                    #循环双链表结点类
    def __init__(self,data=None):                   #构造函数
        self.data=data                              #data 属性
        self.next=None                              #next 属性
        self.prior=None                             #prior 属性

class CDLinkList:                                   #循环双链表类
    def __init__(self):                             #构造函数
        self.dhead=DLinkNode()                      #头结点 dhead
        self.dhead.next=self.dhead
        self.dhead.prior=self.dhead

    def CreateListF(self,a):                        #头插法:由数组a整体建立循环双链表
        for i in range(0,len(a)):                   #循环建立数据结点 s
            s=DLinkNode(a[i])                       #新建存放 a[i]元素的结点 s,将其插入表头
            s.next=self.dhead.next                  #修改 s 结点的 next 成员
```

```python
        self.dhead.next.prior=s          #修改头结点的后继结点的prior
        self.dhead.next=s                #修改头结点的next
        s.prior=self.dhead               #修改s结点的prior

    def CreateListR(self,a):             #尾插法:由数组a整体建立循环双链表
        t=self.dhead                     #t始终指向尾结点,开始时指向头结点
        for i in range(0,len(a)):        #循环建立数据结点s
            s=DLinkNode(a[i])            #新建存放a[i]元素的结点s
            t.next=s                     #将s结点插入t结点之后
            s.prior=t
            t=s
        t.next=self.dhead                #将尾结点的next改为指向头结点
        self.dhead.prior=t               #将头结点的prior置为t

    def geti(self,i):                    #返回序号为i的结点
        p=self.dhead                     #首先p指向头结点
        j=-1
        while (j<i):
            j+=1
            p=p.next
            if p==self.dhead: break
        return p

    def Add(self,e):                     #在线性表的末尾添加一个元素e
        s=DLinkNode(e)                   #新建结点s
        p=self.dhead
        while p.next!=self.dhead:        #查找尾结点p
            p=p.next
        p.next=s;                        #在尾结点p之后插入结点s
        s.prior=p
        s.next=self.dhead
        self.dhead.prior=s

    def getsize(self):                   #返回长度
        p=self.dhead
        cnt=0
        while p.next!=self.dhead:        #找到尾结点为止
            cnt+=1
            p=p.next
        return cnt

    def __getitem__(self,i):             #求序号为i的元素
        assert i>=0                      #检测参数i正确性的断言
        p=self.geti(i)
        assert p!=self.dhead             #p不为头结点的检测
        return p.data

    def __setitem__(self,i,x):           #设置序号为i的元素
        assert i>=0                      #检测参数i正确性的断言
        p=self.geti(i)
        assert p!=self.dhead             #p不为头结点的检测
        p.data=x
```

```python
    def GetNo(self,e):                              # 查找第一个为 e 的元素的序号
        j=0
        p=self.dhead.next                           # 首先 p 指向首结点
        while p!=self.dhead and p.data!=e:
            j+=1                                    # 查找元素 e
            p=p.next
        if p==self.dhead:
            return -1                               # 未找到时返回-1
        else:
            return j                                # 找到后返回其序号

    def Insert(self,i,e):                           # 在线性表中序号为 i 的位置插入元素 e
        assert i>=0                                 # 检测参数 i 正确性的断言
        s=DLinkNode(e)                              # 建立新结点 s
        if (i==0):                                  # 插入作为首结点
            p=self.dhead
        else:
            p=self.geti(i-1)                        # 找到序号为 i-1 的结点 p
            assert p!=self.dhead                    # p 不为头结点的检测
        s.next=p.next                               # 在 p 结点之后插入 s 结点
        p.next.prior=s
        p.next=s
        s.prior=p

    def Delete(self,i):                             # 在线性表中删除序号为 i 的位置的元素
        assert i>=0                                 # 检测参数 i 正确性的断言
        p=self.geti(i-1)                            # 找到序号为 i-1 的结点 p
        assert p.next!=self.head                    # p.next 不为头结点的检测
        p.next=p.next.next;                         # 删除 p 结点的后继结点

    def Delete(self,i):                             # 在线性表中删除序号为 i 的位置的元素
        assert i>=0                                 # 检测参数 i 正确性的断言
        p=self.geti(i)                              # 找到序号为 i 的结点 p
        assert p!=self.dhead                        # p 不为头结点的检测
        p.prior.next=p.next                         # 删除 p 结点
        p.next.prior=p.prior

    def display(self):                              # 输出线性表
        p=self.dhead.next
        while p!=self.dhead:
            print(p.data,end=' ')
            p=p.next;
        print()

if __name__ == '__main__':
    L=CDLinkList()
    print()
    print("  建立循环双链表 L")
    a=[1,2,3,4,5,6]
    print("  1~6 创建 L")
    L.CreateListR(a)
    print("  L[长度=%d]: " %(L.getsize()),end=''),L.display()
    print("  插入 6~10")
```

```
    for i in range(6,11):
        L.Add(i)
    print("    L[长度=%d]: " %(L.getsize()),end=''),L.display()
    print("    序号为2的元素=%d" %(L[2]))
    print("    设置序号为2的元素为20")
    L[2]=20
    print("    L[长度=%d]: " %(L.getsize()),end=''),L.display()
    x=6
    print("    第一个值为%d的元素序号=%d" %(x,L.GetNo(x)))
    n=L.getsize()
    for i in range(n-2):
        print("    删除首元素")
        L.Delete(0)
        print("    L[长度=%d]: " %(L.getsize()),end=''),L.display()
```

上述程序的执行结果如图 2.7 所示。

```
建立循环双链表L
1～6创建L
L[长度=6]: 1 2 3 4 5 6
插入6～10
L[长度=11]: 1 2 3 4 5 6 6 7 8 9 10
序号为2的元素=3
设置序号为2的元素为20
L[长度=11]: 1 2 20 4 5 6 6 7 8 9 10
第一个值为6的元素序号=5
删除首元素
L[长度=10]: 2 20 4 5 6 6 7 8 9 10
删除首元素
L[长度=9]: 20 4 5 6 6 7 8 9 10
删除首元素
L[长度=8]: 4 5 6 6 7 8 9 10
删除首元素
L[长度=7]: 5 6 6 7 8 9 10
删除首元素
L[长度=6]: 6 6 7 8 9 10
删除首元素
L[长度=5]: 6 7 8 9 10
删除首元素
L[长度=4]: 7 8 9 10
删除首元素
L[长度=3]: 8 9 10
删除首元素
L[长度=2]: 9 10
```

图 2.7 第 2 章基础实验题 5 的执行结果

2.2.3 应用实验题

1. 编写一个简单的学生成绩管理程序,每个学生记录包含学号、姓名、课程和分数成员,采用顺序表存储,完成以下功能:

① 屏幕显示所有学生记录。

② 输入一个学生记录。

③ 按学号和课程删除一个学生记录。

④ 按学号排序并输出所有学生记录。

⑤ 按课程排序,对于一门课程,学生按分数递减排序。

2. 编写一个实验程序实现以下功能:

① 从文本文件 xyz.in 中读取 3 行整数,每行的整数递增排列,两个整数之间用一个空格分隔,全部整数的个数为 n,这 n 个整数均不相同。

② 求这 n 个整数中第 $k(1 \leqslant k \leqslant n)$ 小的整数。

3. 编写一个实验程序实现以下功能：

① 输入一个偶数 $n(n>2)$，建立不带头结点的整数单链表 $L,L=(a_1,a_2,\cdots,a_{n/2},\cdots,a_n)$，其中 $a_i=i$。

② 重新排列单链表 L 的结点顺序，改变为 $L=(a_1,a_n,a_2,a_{n-1},\cdots,a_{n/2},a_{n/2+1})$。例如，给定 L 为 $(1,2,3,4)$，重新排列后为 $(1,4,2,3)$。

4. 编写一个实验程序实现以下功能：

① 输入一个正整数 $n(n>2)$，建立带头结点的整数双链表 $L,L=(a_1,a_2,\cdots,a_n)$，其中 $a_i=i$。在该双链表中每个结点除了有 prior、data 和 next 这 3 个属性外，还有一个访问频度属性 freq，初始时该值为 0。

② 可以多次按整数 $x(1 \leqslant x \leqslant n)$ 查找，每次查找 x 时令元素值为 x 的结点的 freq 属性值加 1，并调整表中结点的次序，使其按访问频度的递减顺序排列，以便使频繁访问的结点总是靠近表头。

5. 由 $1 \sim n$（例如 $n=10\ 000\ 000$）的 n 个整数建立顺序表 a（采用列表表示）和带头结点的单链表 h，编写一个实验程序输出分别将所有元素逆置的时间。

6. 有一个学生成绩文本文件 exp1.txt，第一行为整数 n，接下来为 n 行学生基本信息，包括学号、姓名和班号；然后为整数 m，接下来为 m 行课程信息，包括课程编号和课程名；再然后为整数 k，接下来为 k 行成绩信息，包括学号、课程编号和分数。例如，$n=5$、$m=3$、$k=15$ 时的 exp1.txt 文件实例如下：

```
5
1 陈斌 101
3 王辉 102
5 李君 101
4 鲁明 101
2 张昂 102
3
2 数据结构
1 C程序设计
3 计算机导论
15
1 1 82
4 1 78
5 1 85
2 1 90
3 1 62
1 2 77
4 2 86
5 2 84
2 2 88
3 2 80
1 3 60
4 3 79
5 3 88
2 3 86
3 3 90
```

编写一个程序按班号递增排序输出所有学生的成绩,相同班号按学号递增排序,同一个学生按课程编号递增排序,相邻的班号和学生信息不重复输出。例如,上述 exp1.txt 文件对应的输出如下:

```
输出结果
================班号：101================
    1    陈斌      C 程序设计        82
                  数据结构          77
                  计算机导论        60
    4    鲁明      C 程序设计        78
                  数据结构          86
                  计算机导论        79
    5    李君      C 程序设计        85
                  数据结构          84
                  计算机导论        88
================班号：102================
    2    张昂      C 程序设计        90
                  数据结构          88
                  计算机导论        86
    3    王辉      C 程序设计        62
                  数据结构          80
                  计算机导论        90
```

说明：可以采用 3 个列表存放学生基本信息、课程信息和成绩信息,通过 sort() 方法排序,在连接时采用二路归并思路提高效率。

7. 有 3 个递增有序列表 $L0$、$L1$、$L2$,其中元素均为整数,最大元素不超过 1000。编写一个实验程序采用三路归并得到递增有序列表 L,L 包含全部元素。

8. 定义三元组 (a,b,c)(a、b 和 c 均为正数)的距离 $D=|a-b|+|b-c|+|c-a|$,给定 3 个非空整数集合 $S1$、$S2$ 和 $S3$,按升序分别存储在 3 个数组中。请设计一个尽可能高效的算法,计算并输出所有可能的三元组 (a,b,c)($a \in S1, b \in S2, c \in S3$)中的最小距离。例如 $S1=\{-1,0,9\}$,$S2=\{-25,-10,10,11\}$,$S3=\{2,9,17,30,41\}$,则最小距离为 2,相应的三元组为 $(9,10,9)$。

2.2.4 应用实验题参考答案

1. 解：设计学生顺序表类 StudList,用列表 data 存放所有学生记录,其中每个元素是一个子表,包含学号、姓名、课程和分数 4 个成员。在 StudList 类中含构造方法和相关的基本运算方法。对应的实验程序 Exp2-1.py 如下：

```python
from operator import itemgetter          #导入 itemgetter 模型
class StudList:
    def __init__(self):                  #构造函数
        self.data=[]                     #存放学生记录的列表

    def Addstud(self):                   #输入一个学生记录
        print("  输入一个学生记录");
        no1=int(input("  学号："))
```

```
            name1=input("   姓名：")；
            course1=input("   课程：")；
            fraction1=int(input("   分数："))
            self.data.append([no1,name1,course1,fraction1])

        def Dispstud(self):                              ♯输出所有学生记录
            if len(self.data)>0：
                print("\t学号\t 姓名\t\t 课程\t\t 分数")
                for i in range(len(self.data)):
                    print("\t%d\t\t%s\t\t%s\t\t%d" %(self.data[i][0],self.data[i][1],
                        self.data[i][2],self.data[i][3]))
            else：
                print("   **没有任何学生记录")

        def Delstud(self):                               ♯删除指定学号的学生记录
            no1=int(input("   删除的学号："))
            course1=input("   删除的课程：")
            find=False
            for i in range(len(self.data)):
                if self.data[i][0]==no1 and self.data[i][2]==course1：
                    find=True
                    break
            if find：
                st.data.remove(self.data[i])
                print("   **成功删除学号为%d 的学生记录" %(no1))
            else：
                print("   **没有找到学号为%d 的学生记录" %(no1))

        def Sort1(self):                                 ♯按学号递增排序
            self.data=sorted(self.data,key=itemgetter(0))
            self.Dispstud()

        def Sort2(self):                                 ♯按课程、分数递减排序
            self.data.sort(key=lambda s:(s[2],-s[3]))
            self.Dispstud()

♯主程序
st=StudList()
while True：
    print("1.显示全部记录 2.输入 3.删除 4.学号排序 5.课程排序 其他退出 请选择：",end='')
    sel=int(input())
    if sel==1： st.Dispstud()
    elif sel==2： st.Addstud()
    elif sel==3： st.Delstud()
    elif sel==4： st.Sort1()
    elif sel==5： st.Sort2()
    else： break
```

上述程序的执行结果如图 2.8 所示。

2. 解：设计求解类 Solution，用列表 L 存放 3 个递增整数序列，即 $L[0]\sim L[2]$，3 个递增整数序列的段号为 $0\sim 2$。CreateList() 方法用于从文本文件 xyz.in 读取数据建立列表 L，topk() 方法采用三路归并求第 $k(1\leqslant k\leqslant n)$ 小的整数。

topk() 方法的思路是用 $i[0]\sim i[2]$ 整数变量分别遍历 $L[0]\sim L[2]$，初始值均为 0。一

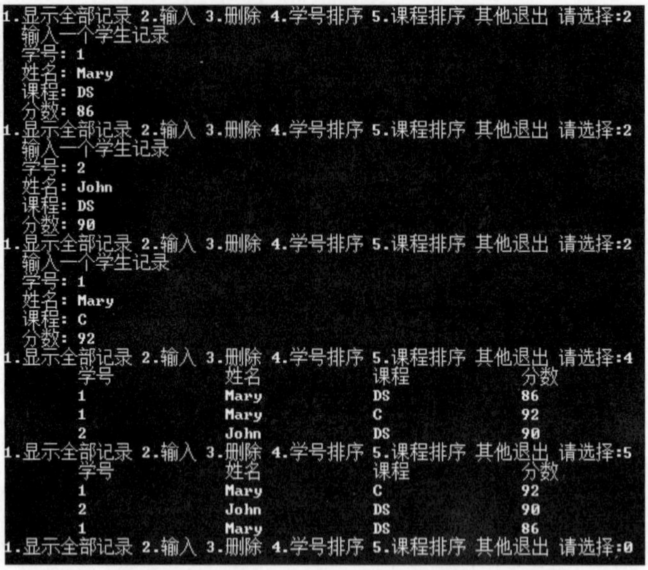

图 2.8　第 2 章应用实验题 1 的执行结果

维数组 x 存放各个有序段当前遍历的整数,即 $x[0]$ 存放 $L[0][i[0]]$,$x[1]$ 存放 $L[1][i[1]]$,$x[2]$ 存放 $L[2][i[2]]$。私有方法 min3() 求 x 中最小整数的段号,首先在 x 中取各个段的第一个整数,然后这样循环,调用 min3() 求最小元素的段号 mini,累加调用 min3() 的次数 cnt,若 cnt=k,则 $x[\text{mini}]$ 便是第 k 小的整数,退出循环并返回该整数,否则后移一次 $i[\text{mini}]$,重置 $x[\text{mini}]$ 值(对应段没有遍历尾,取 $x[\text{mini}]=L[\text{mini}][i[\text{mini}]]$,否则取 $x[\text{mini}]=$ MAX)。

对应的实验程序 Exp2-2.py 如下:

```python
class Solution:                                    # 有序顺序表类
    MAX=1000                                       # 所有整数的上限
    def __init__(self):                            # 构造函数
        self.L=[[],[],[]]                          # 存放 3 个有序整数段

    def CreateList(self,fname):                    # 从 fname 文件中读取 3 个有序整数序列
        fin=open(fname,"r")
        for i in range(0,3):
            p=fin.readline().strip().split()
            for q in p:
                self.L[i].append(int(q))
        fin.close()

    def __min3(self,x):                            # 私有方法:返回最小元素的段号
        mini=0
        for i in range(1,3):
            if (x[i]<x[mini]):mini=i
        return mini

    def topk(self,k):                              # 返回第 k 小的元素
        assert k>=1 and k<=len(self.L[0])+len(self.L[1])+len(self.L[2])
        i=[0,0,0]
```

```
        x=[None]*3
        x[0],x[1],x[2]=self.L[0][0],self.L[1][0],self.L[2][0]
        cnt=0
        while True:
            mini=self.__min3(x)
            cnt+=1
            if cnt==k: return x[mini]
            i[mini]+=1
            if i[mini]<len(self.L[mini]):
                x[mini]=self.L[mini][i[mini]]
            else:
                x[mini]=Solution.MAX
#主程序
s=Solution()
s.CreateList("xyz.in")
print("第1个有序整数序列:",end=' ')
print(s.L[0])
print("第2个有序整数序列:",end=' ')
print(s.L[1])
print("第3个有序整数序列:",end=' ')
print(s.L[2])
print("求解结果")
sum=len(s.L[0])+len(s.L[1])+len(s.L[2])
for i in range(1,sum+1):
    d=s.topk(i)
    print("    第%d小的整数=%d" %(i,d))
```

假设 xyz.in 文件如下：

```
1 5 8
2 4 7 10 12 15
3 6 9 11 13 14
```

上述程序的执行结果如图 2.9 所示。

图 2.9　第 2 章应用实验题 2 的执行结果

3. 解：设计单链表结点类 LinkNode，它包含 data 和 next 两个属性。设计单链表类 LinkList，它包含头结点 head（初始为 None）属性，以及建表方法 CreateList() 和输出方法 display()，CreateList() 采用尾插法建立形如 {1,2,…,n} 的不带头结点的整数单链表 head。

设计 reorderList(head) 方法实现实验题的功能,其过程如下(以 $n=6$ 为例进行说明,head=(1,2,3,4,5,6))。

① 断开:通过快慢指针 slow 和 fast 找到中间结点,从中间结点断开,即置 head1=slow.next 构成后半部分的不带头结点的单链表 head1,置 slow.next=null 构成前半部分的不带头结点的单链表 head。head=(1,2,3),$head_1$=(4,5,6)。

② 逆置:采用头插法将 head1 逆置。注意这里逆置不带头结点的单链表与逆置带头结点的单链表稍有不同。$head_1$=(6,5,4)。

③ 合并:采用尾插法,head 为头结点,p=head.next,q=head1,t 指向 head 结点,在 p 或 q 不空的循环,即先将 q 结点链接到 t 结点的后面,再将 p 结点链接到 t 结点的后面。最后置 t.next 为空。head=(1,6,2,5,3,4)。

对应的实验程序 Exp2-3.py 如下:

```
class LinkNode:                                #单链表结点类
    def __init__(self,data=None):              #构造函数
        self.data=data                         #data属性
        self.next=None                         #next属性

class LinkList:                                #单链表类
    def __init__(self):                        #构造函数
        self.head=None                         #设置为空表

    def CreateList(self,n):                    #尾插法:由 1～n 建立不带头结点的单链表
        self.head=LinkNode(1)
        t=self.head                            #t 始终指向尾结点,开始时指向头结点
        for i in range(2,n+1):                 #循环建立数据结点 s
            s=LinkNode(i)                      #新建存放 i 元素的结点 s
            t.next=s
            t=s
        t.next=None

    def display(self):                         #输出单链表
        p=self.head
        while p is not None:
            print(p.data,end=' ')
            p=p.next;
        print()

    def reorderList(head):                     #重组算法
        assert head!=None and head.next!=None and head.next.next!=None
        slow=head
        fast=head
        while fast.next!=None and fast.next.next!=None:
            slow=slow.next                     #找中间结点 slow
            fast=fast.next.next
        head1=slow.next                        #head1 为后半部分单链表的头结点
        slow.next=None                         #断开
        p=head1                                #将 head1 单链表逆置
        head1=None
        while p!=None:
```

```
            q=p.next
            p.next=head1
            head1=p
            p=q;
        #合并操作
        p=head.next                             #p遍历head的其他结点
        q=head1                                 #q遍历head1
        t=head
        while p!=None or q!=None:
            if q!=None:
                t.next=q
                t=q
                q=q.next
            if p!=None:
                t.next=p
                t=p
                p=p.next
        t.next=None

#主程序
L=LinkList()
L.CreateList(6);
print()
print("    L: ",end=' ')
L.display()
reorderList(L.head)
print("  重排 L")
print("    L: ",end=' ')
L.display()
```

上述程序的执行结果如图 2.10 所示。

```
L:   1 2 3 4 5 6
重排L
L:   1 6 2 5 3 4
```

图 2.10 第 2 章应用实验题 3 的执行结果

4. 解：设计双链表结点类 DLinkNode，它包含 data、prior、next 和 freq 属性（访问频度）。设计双链表类 DLinkList，它包含双链表头结点属性 dhead，以及建表方法 CreateListR() 和输出方法 display()，CreateListR() 采用尾插法建立形如 $\{1, 2, \cdots, n\}$ 的带头结点的整数双链表，每个结点的 freq 属性均置为 0。

设计 LocateElem(L, x) 函数，先查找值为 x 的结点 p，在找到后将 p 结点的 freq 属性增 1，然后依次和前驱结点 pre 的 freq 属性比较，若 pre 的 freq 属性较小，将 pre 结点和 p 结点的 data、freq 属性进行交换（也可以将 pre 和 p 结点进行交换，这样做稍复杂一些）。

对应的实验程序 Exp2-4.py 如下：

```
class DLinkNode:                                #双链表结点类
    def __init__(self,data=None):               #构造函数
        self.data=data                          #data属性
        self.freq=0                             #结点访问频度
```

```python
        self.next=None                              # next 属性
        self.prior=None                             # prior 属性

class DLinkList:                                    # 双链表类
    def __init__(self):                             # 构造函数
        self.dhead=DLinkNode()                      # 头结点 dhead
        self.dhead.next=None
        self.dhead.prior=None

    def CreateListR(self,n):                        # 尾插法：由 1~n 建立双链表
        t=self.dhead                                # t 始终指向尾结点,开始时指向头结点
        for i in range(1,n+1):                      # 循环建立数据结点 s
            s=DLinkNode(i)
            t.next=s                                # 将 s 结点插入 t 结点之后
            s.prior=t
            t=s
        t.next=None                                 # 将尾结点的 next 置为 None

    def display(self):                              # 输出双链表
        p=self.dhead.next
        while p!=None:
            print("%d[%d]" %(p.data,p.freq),end=' ')
            p=p.next
        print()

# 实现实验题功能的函数
def LocateElem(L,x):                                # 查找值为 x 的结点
    p=L.dhead.next                                  # p 指向开始结点
    while p!=None and p.data!=x:
        p=p.next
    assert p!=None
    p.freq+=1                                       # 找到值为 x 的结点 p
    pre=p.prior
    while pre!=L.dhead and pre.freq<p.freq:         # 若 p 结点的 freq 比前驱大,两者的值交换
        p.data,pre.data=pre.data,p.data             # p 和 pre 结点值交换
        p.freq,pre.freq=pre.freq,p.freq
        p=pre
        pre=p.prior                                 # p、pre 同步前移

def Find(L,x):                                      # 输出查找结果
    LocateElem(L,x)
    print("  查找%d 后的结果:" %(x),end=' ')
    L.display()

# 主程序
L=DLinkList()
L.CreateListR(5);
print()
print("  L:",end=' '),L.display()
Find(L,5);
Find(L,1);
Find(L,4);
Find(L,5);
```

```
Find(L,2);
Find(L,4);
Find(L,5);
```

上述程序的执行结果如图 2.11 所示。

```
L: 1[0] 2[0] 3[0] 4[0] 5[0]
查找5后的结果: 5[1] 1[0] 2[0] 3[0] 4[0]
查找1后的结果: 5[1] 1[1] 2[0] 3[0] 4[0]
查找4后的结果: 5[1] 1[1] 4[1] 2[0] 3[0]
查找5后的结果: 5[2] 1[1] 4[1] 2[0] 3[0]
查找2后的结果: 5[2] 1[1] 4[1] 2[1] 3[0]
查找4后的结果: 5[2] 4[2] 1[1] 2[1] 3[0]
查找5后的结果: 5[3] 4[2] 1[1] 2[1] 3[0]
```

图 2.11　第 2 章应用实验题 4 的执行结果

5. 解：首先由 n 建立顺序表 a 和采用尾插法建立单链表 h，设计 reverse1() 和 reverse2() 函数分别逆置 a 和 h，返回所花的时间。对应的实验程序 Exp2-5.py 如下：

```python
import time
class LinkNode:                              #单链表结点类
    def __init__(self,data=None):            #构造方法
        self.data=data                       #data 属性
        self.next=None                       #next 属性

def reverse1(a):                             #求顺序表逆置的时间
    t1=time.time()                           #获取开始时间
    i,j=0,len(a)-1
    while i<j:
        a[i],a[j]=a[j],a[i]
        i,j=i+1,j-1
    t2=time.time()                           #获取结束时间
    return t2-t1

def reverse2(h):                             #求单链表逆置的时间
    t1=time.time()                           #获取开始时间
    p=h.next
    h.next=None
    while p!=None:
        q=p.next
        p.next=h.next
        h.next=p
        p=q
    t2=time.time()                           #获取结束时间
    return t2-t1

def create1(n):                              #建立顺序表
    a=[]
    for i in range(1,n+1):
        a.append(i)
    return a

def create2(n):                              #用尾插法建立单链表
    h=LinkNode()                             #建立头结点
```

```
            t=h                                     #t指向尾结点,开始时指向头结点
            for i in range(1,n+1):                  #循环建立数据结点 s
                s=LinkNode(i)                       #新建结点 s
                t.next=s                            #将s结点插入 t 结点之后
                t=s
            t.next=None                             #将尾结点的 next 置为空
            return h

        #主程序
        n=10000000
        a=create1(n)
        h=create2(n)
        print()
        print("    求解结果")
        print("    顺序表逆置时间: %.2f" %(reverse1(a)))
        print("    单链表逆置时间: %.2f" %(reverse2(h)))
        print()
```

上述程序的执行结果如图 2.12 所示。从中看出,针对分别含一千万个整数的列表(顺序表)和单链表,单链表逆置花费的时间较多。

图 2.12　第 2 章应用实验题 5 的执行结果

6. 解：设计 readdata() 函数从 exp1.txt 文件中读取数据,stud 列表存放学生基本信息(元素为[学号,姓名,班号]),cour 列表存放课程信息(元素为[课程编号,课程名]),frac 列表存放成绩信息(元素为[学号,课程编号,分数])。

设计 solve() 函数输出题目要求的结果,其过程是将 stud 和 frac 列表分别按学号递增排序,采用二路归并产生 frac 列表中每个元素的姓名和班号(frac 的元素变为[学号,课程编号,分数,姓名,班号]),再将 cour 和 frac 分别按课程编号递增排序,采用二路归并产生 frac 列表中每个元素的课程名(frac 的元素变为[学号,课程编号,分数,姓名,班号,课程名])。最后将 frac 列表按班号＋学号递增排序,此时 frac 列表如下：

```
['1','1',82,'陈斌','101','C 程序设计']
['1','2',77,'陈斌','101','数据结构']
['1','3',60,'陈斌','101','计算机导论']
['4','1',78,'鲁明','101','C 程序设计']
['4','2',86,'鲁明','101','数据结构']
['4','3',79,'鲁明','101','计算机导论']
['5','1',85,'李君','101','C 程序设计']
['5','2',84,'李君','101','数据结构']
['5','3',88,'李君','101','计算机导论']
['2','1',90,'张昂','102','C 程序设计']
['2','2',88,'张昂','102','数据结构']
['2','3',86,'张昂','102','计算机导论']
['3','1',62,'王辉','102','C 程序设计']
['3','2',80,'王辉','102','数据结构']
['3','3',90,'王辉','102','计算机导论']
```

输出结果，在输出中判断相邻的班号和学生信息不重复输出。对应的实验程序 Exp2-6.py 如下：

```python
from operator import itemgetter,attrgetter
stud=[]                                         #学生
cour=[]                                         #课程
frac=[]                                         #分数
def readdata():                                 #读取数据
    fin=open("exp1.txt","r")
    n=int(fin.readline().strip())
    for i in range(n):                          #读取学生信息(学号、姓名、班号)
        st=fin.readline().strip().split()
        stud.append([st[0],st[1],st[2]])
    m=int(fin.readline().strip())
    for i in range(m):                          #读取成绩信息(课程编号、课程名)
        cr=fin.readline().strip().split()
        cour.append([cr[0],cr[1]])
    k=int(fin.readline().strip())
    for i in range(k):                          #读取成绩信息(学号、课程编号、分数)
        fr=fin.readline().strip().split()
        frac.append([fr[0],fr[1],int(fr[2])])
    fin.close()

def solve():                                    #求解算法
    stud.sort(key=itemgetter(0))                #stud 按学号递增排序
    frac.sort(key=itemgetter(0))                #frac 按学号递增排序
    i,j=0,0
    while i<len(stud) and j<len(frac):          #stud 和 frac 按学号二路归并求姓名和班号
        if stud[i][0]<frac[j][0]:
            i+=1
        elif stud[i][0]>frac[j][0]:
            j+=1
        else:                                   #stud[i][0]==frac[j][1]
            frac[j].append(stud[i][1])          #在 frac[j]中添加姓名
            frac[j].append(stud[i][2])          #在 frac[j]中添加班号
            j+=1
    cour.sort(key=itemgetter(0))                #cour 按课程编号递增排序
    frac.sort(key=itemgetter(1))                #frac 按课程编号递增排序
    i,j=0,0
    while i<len(cour) and j<len(frac):          #cour 和 frac 按课程编号二路归并求课程名
        if cour[i][0]<frac[j][1]:
            i+=1
        elif cour[i][0]>frac[j][1]:
            j+=1
        else:                                   #cour[i][0]==frac[j][1]
            frac[j].append(cour[i][1])          #在 frac[j]中添加课程名
            j+=1
    frac.sort(key=itemgetter(4,0))              #frac 按班号+学号递增排序
    print("\n 输出结果\n")                       #frac:学号,课程编号,分数,姓名,班号,课程名
    bh=frac[0][4]
    xh=frac[0][0]
    print("  ============班号:%s=============" %(bh))
    for i in range(len(frac)):
        if frac[i][4]!=bh:
```

```
            bh=frac[i][4]
            print()
            print("  ==============班号：%s==============" %(bh))
        if i==0 or frac[i][0]!=xh:
            xh=frac[i][0]
            print("  %s\t%s\t%s\t%s" %(frac[i][0],frac[i][3],frac[i][5],frac[i][2]))
        else: print("  \t\t%s\t%s" %(frac[i][5],frac[i][2]))

♯主程序
readdata()
solve()
```

上述程序的执行结果如图 2.13 所示。

7. 解：题目中的所有元素均为整数，用 INF 表示最大整数(1000)，L 列表存放结果。设 $L0$、$L1$、$L2$ 的段号分别为 0、1、2，用 i、j、k 作为遍历指针分别遍历 3 个递增有序列表的元素，将它们指向的元素值存放在数组 x 中，$x[i]$ 存放段号为 i 的列表当前结点值，当段号为 i 的列表遍历完，$x[i]$ 取值为 INF。

采用三路归并方法，先求出 x 中的最小元素的段号 mind，当最小元素 $x[mind]$ 为 INF 时表示所有元素归并完毕，置 mind=−1，此时退出三路归并返回 L。否则将 $x[mind]$ 添加到 L 中，将 mind 段的遍历指针后移一个元素，$x[mind]$ 置为该指针指向的元素。

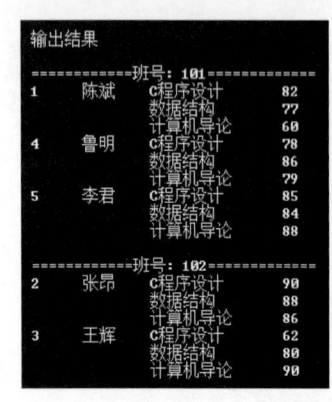

图 2.13 第 2 章应用实验题 6 的执行结果

对应的实验程序 Exp2-7.py 如下：

```
INF=100                                             ♯定义最大元素
def Min(x):                                         ♯返回 x 数组中最小值的下标
    mind=0
    for d in range(1,3):
        if x[d]<x[mind]:
            mind=d
    if x[mind]==INF:                                ♯最小值为 INF
        return -1                                   ♯返回-1
    else:
        return mind                                 ♯否则返回 mind

def Merge3(L0,L1,L2):                               ♯三路归并
    len0,len1,len2=len(L0),len(L1),len(L2)
    i,j,k=0,0,0
    L=[]                                            ♯存放归并的结果
    x=[None]*3                                      ♯定义含 3 个元素的列表
    x[0]=L0[i] if i<len0 else INF
    x[1]=L1[j] if j<len1 else INF
    x[2]=L2[k] if k<len2 else INF
    while True:
        mind=Min(x)
        if mind==-1: return L                       ♯3 个段遍历完时返回 L
```

```
            L.append(x[mind])
            if mind==0:
                i+=1
                x[0]=L0[i] if i<len0 else INF
            elif mind==1:
                j+=1
                x[1]=L1[j] if j<len1 else INF
            else:
                k+=1
                x[2]=L2[k] if k<len2 else INF

#主程序
L0=[-1,0,9]
L1=[-25,-10,10,11]
L2=[2,9,17,30,41]
print()
print("    L0:",L0)
print("    L1:",L1)
print("    L2:",L2)
print("    L0,L1,L2->L")
L=Merge3(L0,L1,L2)
print("    L:",L)
```

上述程序的执行结果如图 2.14 所示。

```
L0: [-1, 0, 9]
L1: [-25, -10, 10, 11]
L2: [2, 9, 17, 30, 41]
L0,L1,L2->L
L: [-25, -10, -1, 0, 2, 9, 9, 10, 11, 17, 30, 41]
```

图 2.14 第 2 章应用实验题 7 的执行结果

8. 解：假设 $S1$、$S2$ 和 $S3$（称为 3 个段，段号分别为 $0\sim 2$）的最小距离 D 的元素是 $(a,b,c)(a\in S1,b\in S2,c\in S3)$，将 3 个段按升序归并的结果是 $e_0,e_1,\cdots,a,\cdots,b,\cdots,c,\cdots$，显然 a、b、c 越靠近对应的 D 越小，采用三路归并求解，每次在归并的三个元素中求 D，最后返回最小的 D。

三路归并过程与前一个实验题相同，这里取 INF 为一个非常大的整数（0x3f3f3f3f），当三个段遍历完时结束，否则若两个段遍历完，求 D 时的|INF−元素|一定是 INF，不可能得到更小的 D。

对应的实验程序 Exp2-8.py 如下：

```
INF=0x3f3f3f3f                              #定义∞
def Min(x):                                 #返回 x 数组中最小值的下标
    global ans
    mind=0
    for d in range(1,3):
        if x[d]<x[mind]:
            mind=d
    if x[mind]==INF:                        #3 个段遍历完毕返回-1
        return -1
    else:
```

```
            tmp=abs(x[0]-x[1])+abs(x[1]-x[2])+abs(x[2]-x[0])
        if tmp<ans: ans=tmp                           #求最小的 D
        return mind                                    #返回最小元素的段号

def Merge3(L0,L1,L2):                                  #三路归并
    len0,len1,len2=len(L0),len(L1),len(L2)
    i,j,k=0,0,0
    x=[None]*3                                         #定义含3个元素的列表
    x[0]=L0[i] if i<len0 else INF
    x[1]=L1[j] if j<len1 else INF
    x[2]=L2[k] if k<len2 else INF
    while True:
        mind=Min(x)
        if mind==-1: return ans                        #3个段遍历完时返回 ans
        if mind==0:
            i+=1
            x[0]=L0[i] if i<len0 else INF
        elif mind==1:
            j+=1
            x[1]=L1[j] if j<len1 else INF
        else:
            k+=1
            x[2]=L2[k] if k<len2 else INF

#主程序
S1=[-1,0,9]
S2=[-25,-10,10,11]
S3=[2,9,17,30,41]
print()
print("    S1:",S1)
print("    S2:",S2)
print("    S3:",S3)
print("    求最小结点 D")
ans=INF                                                #最小距离
print("    D: %d" %(Merge3(S1,S2,S3)))
```

上述程序的执行结果如图 2.15 所示。

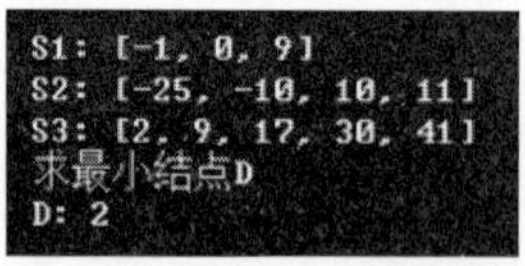

图 2.15 第 2 章应用实验题 8 的执行结果

2.3 第 3 章 栈和队列

说明：本节所有上机实验题的程序文件位于 ch3 文件夹中。

2.3.1 基础实验题

1. 设计整数顺序栈的基本运算程序，并用相关数据进行测试。

2. 设计整数链栈的基本运算程序，并用相关数据进行测试。
3. 设计整数循环队列的基本运算程序，并用相关数据进行测试。
4. 设计整数链队的基本运算程序，并用相关数据进行测试。

2.3.2 基础实验题参考答案

1. 解：顺序栈的基本运算算法的设计原理参见《教程》中的 3.1.2 节。包含顺序栈基本运算算法类 SqStack 以及测试主程序的 Exp1-1.py 文件如下：

```python
class SqStack:                                  #顺序栈类
    def __init__(self):                         #构造函数
        self.data=[]                            #存放栈中的元素,初始为空

    def empty(self):                            #判断栈是否为空
        if len(self.data)==0:
            return True
        return False

    def push(self,e):                           #元素 e 进栈
        self.data.append(e)

    def pop(self):                              #元素出栈
        assert not self.empty()                 #检测栈为空
        return self.data.pop()

    def gettop(self):                           #取栈顶元素
        assert not self.empty()                 #检测栈为空
        return self.data[len(self.data)-1]

if __name__ == '__main__':
    print()
    print("  创建空顺序栈 st")
    st=SqStack()
    print("    st: ","空" if st.empty() else "不空")
    print("  进栈 1-4")
    st.push(1)
    st.push(2)
    st.push(3)
    st.push(4)
    print("    st: ","空" if st.empty() else "不空")
    print("  出栈顺序:",end=' ')
    while not st.empty():
        print(st.pop(),end=' ')
    print()
    print("    st: ","空" if st.empty() else "不空")
    print()
```

上述程序的执行结果如图 2.16 所示。

图 2.16　第 3 章基础实验题 1 的执行结果

2. 解：链栈的基本运算算法的设计原理参见《教程》中的3.1.4节。包含链栈基本运算算法类 LinkStack 以及测试主程序的 Exp1-2.py 文件如下：

```python
class LinkNode:                                    # 单链表结点类
    def __init__(self, data=None):                 # 构造方法
        self.data = data                           # data 属性
        self.next = None                           # next 属性

class LinkStack:                                   # 链栈类
    def __init__(self):                            # 构造方法
        self.head = LinkNode()                     # 头结点 head
        self.head.next = None

    def empty(self):                               # 判断栈是否为空
        if self.head.next == None:
            return True
        return False

    def push(self, e):                             # 元素 e 进栈
        p = LinkNode(e)
        p.next = self.head.next
        self.head.next = p

    def pop(self):                                 # 元素出栈
        assert self.head.next != None              # 检测空栈的异常
        p = self.head.next;
        self.head.next = p.next
        return p.data

    def gettop(self):                              # 取栈顶元素
        assert self.head.next != None              # 检测空栈的异常
        return self.head.next.data

if __name__ == '__main__':
    print()
    print("  创建空链栈 st")
    st = LinkStack()
    print("   st:", "空" if st.empty() else "不空")
    print("  进栈 1—4")
    st.push(1)
    st.push(2)
    st.push(3)
    st.push(4)
    print("   st:", "空" if st.empty() else "不空")
    print("  出栈顺序:", end=' ')
    while not st.empty():
        print(st.pop(), end=' ')
    print()
    print("   st:", "空" if st.empty() else "不空")
    print()
```

上述程序的执行结果如图 2.17 所示。

3. 解：循环队列的基本运算算法的设计原理参见《教程》中的 3.2.2 节。包含循环队列基

图2.17 第3章基础实验题2的执行结果

本运算算法类CSqQueue以及测试主程序的Exp1-3.py文件如下：

```
MaxSize=100                                    #全局变量,假设容量为100
class CSqQueue:                                #循环队列类
    def __init__(self):                        #构造方法
        self.data=[None] * MaxSize             #存放队列中的元素
        self.front=0                           #队头指针
        self.rear=0                            #队尾指针

    def empty(self):                           #判断队列是否为空
        return self.front==self.rear

    def push(self,e):                          #元素e进队
        assert (self.rear+1)%MaxSize!=self.front   #检测队满
        self.rear=(self.rear+1)%MaxSize
        self.data[self.rear]=e

    def pop(self):                             #出队元素
        assert not self.empty()                #检测队空
        self.front=(self.front+1)%MaxSize
        return self.data[self.front]

    def gethead(self):                         #取队头元素
        assert not self.empty()                #检测队空
        head=(self.front+1)%MaxSize            #求队头元素的位置
        return self.data[head]

if __name__ == '__main__':
    print()
    print("  创建空循环队列 qu")
    qu=CSqQueue()
    print("    qu: ","空" if qu.empty() else "不空")
    print("  进队 1—4")
    qu.push(1)
    qu.push(2)
    qu.push(3)
    qu.push(4)
    print("    qu: ","空" if qu.empty() else "不空")
    print("  出队顺序:",end=' ')
    while not qu.empty():
        print(qu.pop(),end=' ')
    print()
    print("    qu: ","空" if qu.empty() else "不空")
    print()
```

上述程序的执行结果如图2.18所示。

```
                                                创建空循环队列qu
                                                qu:    空
                                                进队1-4
                                                qu:    不空
                                                出队顺序: 1 2 3 4
                                                qu:    空
```

图 2.18 第 3 章基础实验题 3 的执行结果

4. 解：链队的基本运算算法的设计原理参见《教程》中的 3.2.4 节。包含链队基本运算算法类 LinkQueue 以及测试主程序的 Exp1-4.py 文件如下：

```
class LinkNode:                                    #链队结点类
    def __init__(self,data=None):                  #构造方法
        self.data=data                             #data 属性
        self.next=None                             #next 属性

class LinkQueue:                                   #链队类
    def __init__(self):                            #构造方法
        self.front=None                            #队头指针
        self.rear=None                             #队尾指针

    def empty(self):                               #判断链队是否为空
        return self.front==None

    def push(self,e):                              #元素 e 进队
        s=LinkNode(e)                              #新建结点 s
        if self.empty():                           #原链队为空
            self.front=self.rear=s
        else:                                      #原链队不空
            self.rear.next=s                       #将 s 结点链接到 rear 结点的后面
            self.rear=s

    def pop(self):                                 #出队操作
        assert not self.empty()                    #检测空链队
        if self.front==self.rear:                  #原链队只有一个结点
            e=self.front.data                      #取首结点值
            self.front=self.rear=None              #置为空队
        else:                                      #原链队有多个结点
            e=self.front.data                      #取首结点值
            self.front=self.front.next             #front 指向下一个结点
        return e

    def gethead(self):                             #取队顶元素操作
        assert not self.empty()                    #检测空链队
        e=self.front.data                          #取首结点值
        return e

if __name__ == '__main__':
    print()
    print("   创建空链队 qu")
    qu=LinkQueue()
    print("   qu: ","空" if qu.empty() else "不空")
```

```
        print("  进队 1-4")
        qu.push(1)
        qu.push(2)
        qu.push(3)
        qu.push(4)
        print("  qu: ","空" if qu.empty() else "不空")
        print("  出队顺序:",end=' ')
        while not qu.empty():
            print(qu.pop(),end=' ')
        print()
        print("  qu: ","空" if qu.empty() else "不空")
        print()
```

上述程序的执行结果如图 2.19 所示。

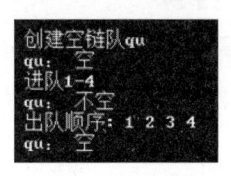

图 2.19　第 3 章基础实验题 4 的执行结果

2.3.3　应用实验题

1. 一个 b 序列的长度为 n，其元素恰好是 $1\sim n$ 的某个排列，编写一个实验程序判断 b 序列是否为以 $1,2,\cdots,n$ 为进栈序列的出栈序列。如果不是，输出相应的提示信息；如果是，输出由该进栈序列通过一个栈得到 b 序列的过程。

2. 改进用栈求解迷宫问题的算法，累计如图 2.20 所示的迷宫的路径条数，并输出所有迷宫路径。

3. 括号匹配问题：在某个字符串（长度不超过 100）中有左括号、右括号和大/小写字母，规定（与常见的算术表达式一样）任何一个左括号都从内到外与它右边距离最近的右括号匹配。编写一个实验程序，找到无法匹配的左括号和右括号，输出原来的字符串，并在下一行标出不能匹配的括号，不能匹配的左括号用"$"标注，不能匹配的右括号用"?"标注。例如，输出样例如下：

```
((ABCD(x)
$$
)(rttyy())sss) (
?         ? $
```

4. 修改《教程》3.2 节中的循环队列算法，使其容量可以动态扩展。当进队时，若容量按两倍扩大容量；当出队时，若当前容量大于初始容量并且元素的个数只有当前容量的 1/4，缩小为当前容量的一半。通过测试数据说明队列容量变化的情况。

5. 采用不带头结点只有一个尾结点指针 rear 的循环单链表存储队列，设计出这种链队的进队、出队、判队空和求队中元素个数的算法。

6. 对于图 2.21 所示的迷宫图，编写一个实验程序，先采用队列求一条最短迷宫路径长度 minlen（路径中经过的方块个数），再采用栈求所有长度为 minlen 的最短迷宫路径。在搜

索所有路径时进行这样的优化操作：当前路径尚未到达出口但长度超过 minlen，便结束该路径的搜索。

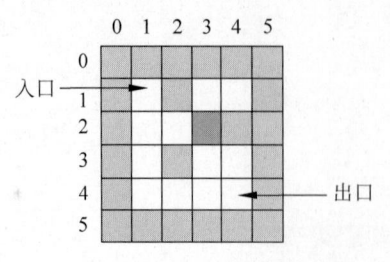

图 2.20　第 2 题的迷宫的示意图

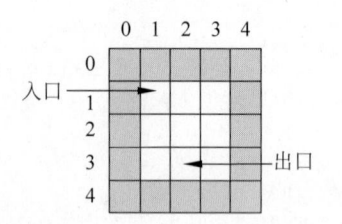

图 2.21　第 6 题的迷宫的示意图

2.3.4　应用实验题参考答案

1. 解：判断 b 序列是否为以 $1,2,\cdots,n$ 为进栈序列的出栈序列的过程参见《教程》中的例 3.9。对应的实验程序 Exp2-1.py 如下：

```python
from SqStack import SqStack
def isSerial(b):                                    #判断算法
    n=len(b)
    ops=""
    st=SqStack()                                    #建立一个顺序栈
    i,j=1,0
    while i<=n:                                     #遍历1,2,…,n序列
        st.push(i)
        ops+="  "+str(i)+"进栈\n"
        i+=1                                        #i后移
        while not st.empty() and st.gettop()==b[j]:
            e=st.pop()                              #出栈
            ops+="  "+str(e)+"出栈\n"
            j+=1                                    #j后移
    if st.empty():                                  #栈空返回ops
        return ops
    else:
        return ""

#主程序
print()
print("测试1")
b=[1,3,4,2]
ret=isSerial(b)
if ret=="":
    print("  ",b,end=' ')
    print("不是合法出栈序列")
else:
    print("  ",b,end=' ')
    print("是合法出栈序列,操作如下:")
    print(ret)
print("测试2")
b=[4,2,1,3]
ret=isSerial(b)
```

```
if ret=="":
    print(" ",b,end='')
    print("不是合法出栈序列")
else:
    print(" ",b,end='')
    print("是合法出栈序列,操作如下:")
    print(ret)
```

上述程序的执行结果如图 2.22 所示。

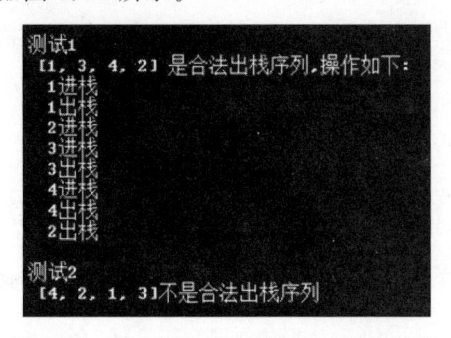

图 2.22　第 3 章应用实验题 1 的执行结果

2. 解：修改《教程》中的 3.1.6 节用栈求解迷宫问题的 mgpath() 算法,用 cnt 累计找到的迷宫路径条数(初始为 0)。在找到一条路径后并不返回,而是将 cnt 增加 1,输出该迷宫路径,然后出栈栈顶方块 b 并将该方块的 mg 值恢复为 0,继续前面的过程,直到栈空为止,最后返回 cnt。对应的实验程序 Exp2-2.py 如下：

```
from SqStack import SqStack
cnt=0                                    #累计迷宫路径条数
class Box:                               #方块类
    def __init__(self,i1,j1,di1):        #构造方法
        self.i=i1                        #方块的行号
        self.j=j1                        #方块的列号
        self.di=di1                      #di 是下一可走相邻方块的方位号

def mgpath(xi,yi,xe,ye):                 #求一条从(xi,yi)到(xe,ye)的迷宫路径
    global mg                            #迷宫数组为全局变量
    global cnt
    st=SqStack()                         #定义一个顺序栈
    dx=[-1,0,1,0]                        #x 方向的偏移量
    dy=[0,1,0,-1]                        #y 方向的偏移量
    e=Box(xi,yi,-1)                      #建立入口方块对象
    st.push(e)                           #入口方块进栈
    mg[xi][yi]=-1                        #为避免来回找相邻方块,将进栈方块置为-1
    while not st.empty():                #栈不空时循环
        b=st.gettop()                    #取栈顶方块,称为当前方块
        if b.i==xe and b.j==ye:          #找到了出口,输出栈中所有方块构成一条路径
            cnt+=1
            print(" 迷宫路径"+str(cnt)+": ",end='');
            for k in range(len(st.data)):    #输出一条迷宫路径
                print("["+str(st.data[k].i)+','+str(st.data[k].j)+"]",end='')
            print()
```

```
            b=st.pop()                          # 退栈
            mg[b.i][b.j]=0                      # 让该位置变为其他路径可走方块
        else:
            find=False                          # 继续找路径
            di=b.di
            while di<3 and find==False:         # 找 b 的一个相邻可走方块
                di+=1                           # 找下一个方位的相邻方块
                i,j=b.i+dx[di],b.j+dy[di]       # 找 b 的 di 方位的相邻方块(i,j)
                if mg[i][j]==0:                 # (i,j)方块可走
                    find=True
            if find:                            # 找到了一个相邻可走方块(i,j)
                b.di=di                         # 修改栈顶方块的 di 为新值
                b1=Box(i,j,-1)                  # 建立相邻可走方块(i,j)的对象 b1
                st.push(b1)                     # b1 进栈
                mg[i][j]=-1                     # 为避免来回找相邻方块,将进栈的方块置为-1
            else:                               # 没有路径可走,则退栈
                mg[b.i][b.j]=0                  # 恢复当前方块的迷宫值
                st.pop()                        # 将栈顶方块退栈
    return cnt                                  # 没有找到迷宫路径,返回 False

#主程序
mg=[[1,1,1,1,1,1],[1,0,1,0,0,1],[1,0,0,1,1,1],[1,0,1,0,0,1],[1,0,0,0,0,1],[1,1,1,1,1,1]]
xi,yi=1,1
xe,ye=4,4
print()
cnt=mgpath(xi,yi,xe,ye)                         # (1,1)->(4,4)
if cnt==0:
    print("    不存在迷宫路径")
else:
    print("    共计"+str(cnt)+"条迷宫路径")
```

上述程序的执行结果如图 2.23 所示。

```
迷宫路径1: [1,1] [2,1] [3,1] [4,1] [4,2] [4,3] [3,3] [3,4] [4,4]
迷宫路径2: [1,1] [2,1] [3,1] [4,1] [4,2] [4,3] [4,4]
共计2条迷宫路径
```

图 2.23 第 3 章应用实验题 2 的执行结果

3. 解：对于字符串 s，设对应的输出字符串为 mark，采用栈 st 来产生 mark。遍历字符 $s[i]$，当遇到'('时将其下标 i 进栈，当遇到')'时，若栈中存在匹配的'('，置 mark$[i]$=' '，否则置 mark$[i]$='?'。当 s 遍历完毕时，若 st 栈不空，则 st 栈中的所有左括号都是没有右括号匹配的，将相应位置 j 的 mark 值置为'$'。对应的实验程序 Exp2-3.py 如下：

```
from collections import deque
def solve(s):                                   # 求解算法
    n=len(s)
    mark=[None]*n                               # 输出字符串
    st=deque()                                  # 用双端队列作为栈
    for i in range(n):
        if s[i]=='(':                           # 遇到'('则入栈
            st.append(i)                        # 将'('的下标暂存到栈中
            mark[i]=' '                         # 对应输出字符串暂且为' '
```

```
            elif s[i]==')':                    #遇到')'
                if not st:                     #栈空,即没有'('相匹配
                    mark[i]='?'                #对应输出字符串改为'?'
                else:                          #有'('相匹配
                    mark[i]=' '                #对应输出字符串改为' '
                    st.pop()                   #栈顶左括号与其匹配,弹出已经匹配的左括号
            else:                              #其他字符与括号无关
                mark[i]=' '                    #对应输出字符串改为' '
        while st:                              #若栈非空,则有没有匹配的左括号
            mark[st[-1]]='$'                   #对应输出字符串改为'$'
            st.pop()
        print("    表达式:",s)                 #输出结果
        print("    结  果:",''.join(mark))

#主程序
print()
print("   测试 1")
s="((ABCD(x)"
solve(s)
print("   测试 2")
s=")(rttyy())sss)("
solve(s)
```

上述程序的执行结果如图 2.24 所示。

图 2.24　第 3 章应用实验题 3 的执行结果

4. 解：用全局变量 Initcap 存放初始容量,队列中增加 capacity 属性表示队列的当前容量,增加 updatecapacity(newcap) 方法用于将当前容量改为 newcap。其过程如下：

① 当参数 newcap 正确时 (newcap>n),建立长度为 newcap 的列表 tmp。

② 出队 data 中的所有元素并依次存放到 tmp 中(从 tmp[1]开始)。

③ 置 data 为 tmp,队头指针 front 为 0,队尾指针 rear 为 n,新容量为 newcap。

在进队中队满和出队中满足指定的条件时调用 updatecapacity(newcap) 方法。对应的实验程序 Exp2-4.py 如下：

```
Initcap=3                                       #全局变量,初始容量为3
class CSqQueue:                                 #可扩展的循环队列类
    def __init__(self):                         #构造方法
        self.data=[None] * Initcap              #存放队列中的元素
        self.capacity=Initcap
        self.front=0                            #队头指针
        self.rear=0                             #队尾指针

    def size(self):                             #返回队中元素的个数
        return ((self.rear-self.front+self.capacity)%self.capacity)
```

```python
    def getcap(self):                                    #返回队的容量
        return self.capacity

    def updatecapacity(self,newcap):                     #修改循环队列的容量为newcap
        n=self.size()
        assert newcap>n                                  #检测newcap参数的错误
        print("原容量=%d,原元素个数=%d,修改容量=%d" %(self.capacity,n,newcap),end='')
        tmp=[None]*newcap                                #新建存放队列元素的空间
        head=(self.front+1)%self.capacity
        for i in range(n):                               #出队所有元素存放到tmp列表中
            tmp[i+1]=self.data[head]                     #从tmp[1]开始,tmp[0]暂时不用
            head=(head+1)%self.capacity
        self.data=tmp                                    #tmp用作data
        self.front=0                                     #重置front
        self.rear=n                                      #重置rear
        self.capacity=newcap                             #重置capacity

    def empty(self):                                     #判断队列是否为空
        return self.front==self.rear

    def push(self,e):                                    #元素e进队
        print("    进队"+str(e),end=': ')
        if (self.rear+1)%self.capacity==self.front:
            self.updatecapacity(2*self.capacity)         #队满时倍增容量
        print()
        self.rear=(self.rear+1)%self.capacity
        self.data[self.rear]=e

    def pop(self):                                       #出队元素
        assert not self.empty()                          #检测队空
        self.front=(self.front+1) % self.capacity
        x=self.data[self.front]                          #取队头元素
        print("    出队"+str(x),end=': ')
        n=self.size()
        if self.capacity>Initcap and n==self.capacity//4:
            self.updatecapacity(self.capacity//2)        #满足要求则容量减半
        print()
        return x

    def gethead(self):                                   #取队头元素
        assert not self.empty()                          #检测队空
        head=(self.front+1)%MaxSize
        return self.data[head]

#主程序
print()
qu=CSqQueue()
print("  (1)进队1,2")
qu.push(1)
qu.push(2)
print("    元素个数=%d,容量=%d" %(qu.size(),qu.getcap()))
print("  (2)进队3-13:")
```

```
for i in range(3,14):
    qu.push(i)
print("    元素个数=%d,容量=%d" %(qu.size(),qu.getcap()))
print("  (3)出队所有元素:")
while not qu.empty():
    qu.pop()
print("  (4)元素个数=%d,容量=%d" %(qu.size(),qu.getcap()))
```

上述程序的执行结果如图 2.25 所示。

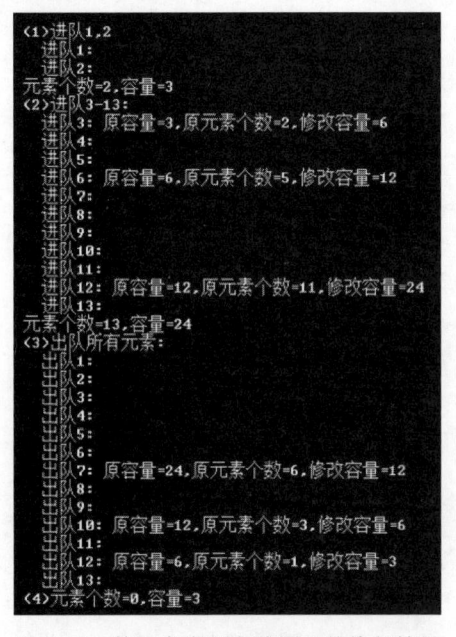

图 2.25　第 3 章应用实验题 4 的执行结果

5. 解：用只有尾结点指针 rear 的循环单链表作为队列存储结构，如图 2.26 所示，其中每个结点的类型为 LinkNode(同前面链队的结点类)。

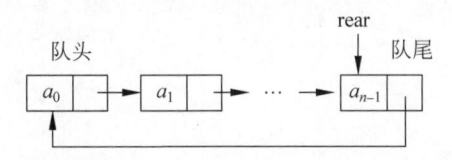

图 2.26　用只有尾结点指针的循环单链表作为队列存储结构

在这样的链队中，队列为空时 rear＝None，进队在链表的表尾进行，出队在链表的表头进行。例如，在空链队中进队 a、b、c 元素的结果如图 2.27(a)所示，出队两个元素后的结果如图 2.27(b)所示。

(a) 元素a、b、c进队　　　　　(b) 出队两个元素

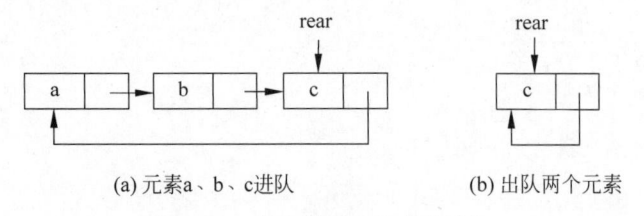

图 2.27　链队的进队和出队操作

对应的实验程序 Exp2-5.py 如下：

```python
class LinkNode:                                          #链队结点类
    def __init__(self,data=None):                        #构造方法
        self.data=data                                   #data 属性
        self.next=None                                   #next 属性

class LinkQueue1:                                        #本实验题的链队类
    def __init__(self):                                  #构造方法
        self.rear=None                                   #队尾指针

    def empty(self):                                     #判断链队是否为空
        return self.rear==None

    def push(self,e):                                    #元素 e 进队
        s=LinkNode(e)                                    #创建新结点 s
        if self.rear==None:                              #原链队为空
            s.next=s                                     #构成循环单链表
            self.rear=s
        else:
            s.next=self.rear.next                        #将 s 结点插入 rear 结点之后
            self.rear.next=s
            self.rear=s                                  #让 rear 指向 s 结点

    def pop(self):                                       #出队操作
        assert not self.empty()                          #检测空链队
        if self.rear.next==self.rear:                    #原链队只有一个结点
            e=self.rear.data                             #取该结点值
            self.rear=None                               #置为空队
        else:                                            #原链队有多个结点
            e=self.rear.next.data                        #取队头结点值
            self.rear.next=self.rear.next.next           #删除队头结点
        return e

    def gethead(self):                                   #取队头元素操作
        assert not self.empty()                          #检测空链队
        if self.rear.next==self.rear:                    #原链队只有一个结点
            e=self.rear.data                             #该结点也是头结点
        else:                                            #原链队有多个结点
            e=self.rear.next.data                        #rear.next 为头结点
        return e

#主程序
print()
qu=LinkQueue1()
print("  (1)1-5 进队")
for i in range(1,6):
    qu.push(i)
print("  (2)队头="+str(qu.gethead()))
print("  (3)出队 3 次:")
for i in range(3):
    print("    出队元素="+str(qu.pop()))
print("  (4)进队 6-8")
```

```
for i in range(6,9):
    qu.push(i)
print("  (5)出队所有元素")
while not qu.empty():
    print("    出队元素＝"+str(qu.pop()))
```

上述程序的执行结果如图 2.28 所示。

```
(1)1-5进队
(2)队头=1
(3)出队3次：
    出队元素=1
    出队元素=2
    出队元素=3
(4)进队6-8
(5)出队所有元素
    出队元素=4
    出队元素=5
    出队元素=6
    出队元素=7
    出队元素=8
```

图 2.28 第 3 章应用实验题 5 的执行结果

6. 解：迷宫图用 mg 数组表示，先用队列求一条最短迷宫路径长度 minlen，再恢复 mg，用栈 st 求所有长度为 minlen 的最短迷宫路径并且输出，由于 st 中恰好存放路径中的所有方块，当求栈顶方块 b 扩展时，若 len(st)≥minlen，便恢复方块 b 的 mg 值并出栈，结束该路径的搜索，从而保证找到的路径一定是最短路径。队列和栈均采用双端队列 deque 实现。对应的实验程序 Exp2-6.py 如下：

```
from collections import deque
dx=[-1,0,1,0]                              #x方向的偏移量
dy=[0,1,0,-1]                              #y方向的偏移量

class Box1:                                #方块类,用作队列元素类型
    def __init__(self,i1,j1):              #构造方法
        self.i=i1                          #方块的行号
        self.j=j1                          #方块的列号
        self.pre=None                      #前驱方块

def minpathlen(xi,yi,xe,ye):               #求(xi,yi)到(xe,ye)的一条最短路径长度
    global mg                              #迷宫数组为全局变量
    qu=deque()                             #定义一个队列
    b=Box1(xi,yi)                          #建立入口结点b
    qu.appendleft(b)                       #结点b进队
    mg[xi][yi]=-1                          #进队方块的mg值置为-1
    while len(qu)!=0:                      #队不空时循环
        b=qu.pop()                         #出队一个方块b
        if b.i==xe and b.j==ye:            #找到了出口,输出路径
            p=b
            apath=[]
            while p!=None:                 #找到入口为止
                apath.append("["+str(p.i)+","+str(p.j)+"]")
                p=p.pre
            return len(apath)              #返回找到的一条路径长度
```

```python
            for di in range(4):                    # 循环扫描每个相邻方位的方块
                i,j=b.i+dx[di],b.j+dy[di]          # 找 b 的 di 方位的相邻方块(i,j)
                if mg[i][j]==0:                    # 找相邻可走方块
                    b1=Box1(i,j)                   # 建立后继方块结点 b1
                    b1.pre=b                       # 设置其前驱方块为 b
                    qu.appendleft(b1)              # b1 进队
                    mg[i][j]=-1                    # 进队的方块置为-1
    return -1                                      # 未找到任何路径时返回-1

class Box2:                                        # 方块类,用作栈元素类型
    def __init__(self,i1,j1,di1=None):             # 构造方法
        self.i=i1                                  # 方块的行号
        self.j=j1                                  # 方块的列号
        self.di=di1                                # di 是下一可走相邻方位的方位号

def mgpath(xi,yi,xe,ye,minlen):                    # 求从(xi,yi)到(xe,ye)的所有最短迷宫路径
    global mg                                      # 迷宫数组为全局变量
    cnt=0                                          # 累计路径条数
    st=deque()                                     # 以双端队列作为栈
    e=Box2(xi,yi,-1)                               # 建立入口方块对象
    st.append(e)                                   # 入口方块进栈
    mg[xi][yi]=-1                                  # 为避免来回找相邻方块,将进栈的方块置为-1
    while len(st)>0:                               # 栈不空时循环
        b=st[-1]                                   # 取栈顶方块,称为当前方块
        if b.i==xe and b.j==ye:
            cnt+=1                                 # 找到一条最短路径
            st1=st.copy()                          # 由 st 复制产生 st1
            apath=[]
            b1=st1.pop()
            while True:                            # 出栈 st1 的所有方块得到 apath
                apath.append([b1.i,b1.j])
                if len(st1)==0: break
                b1=st1.pop()
            apath.reverse()                        # 逆置 apath 得到正向迷宫路径
            print("    路径%d" %(cnt),apath)
            b=st.pop()                             # 退栈
            mg[b.i][b.j]=0                         # 让该位置变为其他路径可走方块
        elif len(st)<minlen:                       # 不是出口且路径长度小于 minlen 时
            find=False                             # 否则继续找路径
            di=b.di
            while di<3 and find==False:            # 找 b 的一个相邻可走方块
                di+=1                              # 找下一个方位的相邻方块
                i,j=b.i+dx[di],b.j+dy[di]          # 找 b 的 di 方位的相邻方块(i,j)
                if mg[i][j]==0:                    # (i,j)方块可走
                    find=True
            if find:                               # 找到了一个相邻可走方块(i,j)
                b.di=di                            # 修改栈顶方块的 di 为新值
                b1=Box2(i,j,-1)                    # 建立相邻可走方块(i,j)的对象 b1
                st.append(b1)                      # b1 进栈
                mg[i][j]=-1                        # 为避免来回找相邻方块,将进栈的方块置为-1
            else:                                  # 没有路径可走,则退栈
                mg[b.i][b.j]=0                     # 恢复当前方块的迷宫值
                st.pop()                           # 将栈顶方块退栈
```

```
        else:
            mg[b.i][b.j]=0                    #恢复当前方块的迷宫值
            st.pop()                          #将栈顶方块退栈

#主程序
mg=[[1,1,1,1,1],[1,0,0,0,1],[1,0,0,0,1],[1,0,0,0,1],[1,1,1,1,1]]
xi,yi=1,1
xe,ye=3,2
minlen=minpathlen(xi,yi,xe,ye)
for i in range(len(mg)):                      #恢复迷宫数组
    for j in range(len(mg[i])):
        if mg[i][j]==-1: mg[i][j]=0
print()
print("  所有[%d,%d]到[%d,%d]的最短迷宫路径:" %(xi,yi,xe,ye))
mgpath(xi,yi,xe,ye,minlen)                    #(1,1)->(3,2)
```

上述程序的执行结果如图 2.29 所示。

```
所有[1,1]到[3,2]的最短迷宫路径:
路径1 [[1, 1], [1, 2], [2, 2], [3, 2]]
路径2 [[1, 1], [2, 1], [2, 2], [3, 2]]
路径3 [[1, 1], [2, 1], [3, 1], [3, 2]]
```

图 2.29 第 3 章应用实验题 6 的执行结果

2.4 第 4 章 串和数组

说明：本节所有上机实验题的程序文件位于 ch4 文件夹中。

2.4.1 基础实验题

1. 设计顺序串的基本运算程序，并用相关数据进行测试。
2. 设计链串的基本运算程序，并用相关数据进行测试。
3. 设计字符串 s 和 t 匹配的 BF 和 KMP 算法，并用相关数据进行测试。

2.4.2 基础实验题参考答案

1. 解：顺序串的基本运算算法的设计原理参见《教程》中的 4.1.2 节。包含顺序串基本运算算法类 SqString 以及测试主程序的 Exp1-1.py 文件如下：

```
MaxSize=100                                   #假设固定容量为 100
class SqString:                               #顺序串类
    def __init__(self):                       #构造方法
        self.data=[None] * MaxSize            #存放串中的字符
        self.size=0                           #串中字符的个数

    #串的基本运算算法
    def StrAssign(self,cstr):                 #创建一个串
        for i in range(len(cstr)):
```

```python
            self.data[i]=cstr[i]
        self.size=len(cstr)

    def StrCopy(self):                                    #复制串
        s=SqString()
        for i in range(self.size):
            s.data[i]=self.data[i]
        s.size=self.size
        return s

    def getsize(self):                                    #求串长
        return self.size

    def __getitem__(self,i):                              #求序号为 i 的元素
        assert 0<=i<self.size                             #检测参数 i 正确性的断言
        return self.data[i]

    def __setitem__(self,i,x):                            #设置序号为 i 的元素
        assert 0<=i<self.size                             #检测参数
        self.data[i]=x

    def Concat(self,t):                                   #连接串
        s=SqString()                                      #新建一个空串
        s.size=self.size+t.getsize()
        for i in range(self.size):                        #当前串 data[0..str.size−1] −> s
            s.data[i]=self.data[i]
        for i in range(t.getsize()):                      #t.data[0..t.size−1] −> s
            s.data[self.size+i]=t.data[i]
        return s                                          #返回新串 s

    def SubStr(self,i,j):                                 #求子串
        s=SqString()                                      #新建一个空串
        assert i>=0 and i<self.size and j>0 and i+j<=self.size   #检测参数
        for k in range(i,i+j):                            #data[i..i+j−1] −> s
            s.data[k−i]=self.data[k]
        s.size=j
        return s                                          #返回新建的顺序串

    def InsStr(self,i,t):                                 #插入串
        s=SqString()                                      #新建一个空串
        assert i>=0 and i<self.size                       #检测参数
        for j in range(i):                                #当前串 data[0..i−1] −> s
            s.data[j]=self.data[j]
        for j in range(t.getsize()):                      #t.data[0..t.size−1] −> s
            s.data[i+j]=t.data[j]
        for j in range(i,self.size):                      #当前串 data[i..size−1] −> s
            s.data[t.size+j]=self.data[j]
        s.size=self.size+t.getsize()
        return s                                          #返回新建的顺序串

    def DelStr(self,i,j):                                 #删除串
        s=SqString()                                      #新建一个空串
        assert i>=0 and i<self.size and j>0 and i+j<=self.size   #检测参数
```

```python
            for k in range(i):
                s.data[k]=self.data[k]             # 将当前串 data[0..i-1]—>s
            for k in range(i+j,self.size):
                s.data[k-j]=self.data[k]           # 将当前串 data[i+j..size-1]—>s
            s.size=self.size-j
            return s                               # 返回新建的顺序串

    def RepStr(self,i,j,t):                        # 替换串
        s=SqString()                               # 新建一个空串
        assert i>=0 and i<self.size and j>0 and i+j<=self.size    # 检测参数
        for k in range(i):                         # 将当前串 data[0..i-1]—>s
            s.data[k]=self.data[k]
        for k in range(t.getsize()):               # 将 s.data[0..t.size-1]—>s
            s.data[i+k]=t.data[k]
        for k in range(i+j,self.size):             # 将当前串 data[i+j..size-1]—>s
            s.data[t.getsize()+k-j]=self.data[k]
        s.size=self.size-j+t.getsize()
        return s                                   # 返回新建的顺序串

    def DispStr(self):                             # 输出串
        for i in range(self.size):
            print(self.data[i],end='')
        print()

if __name__ == '__main__':
    print()
    cstr1="abcd"
    cstr2="123"
    s1=SqString()
    s1.StrAssign(cstr1)
    print("    s1: ",end='');s1.DispStr()
    print("    s1 的长度:%d" %(s1.getsize()))
    s2=SqString()
    s2.StrAssign(cstr2)
    print("    s2: ",end='');s2.DispStr()
    print("    s2 的长度:%d" %(s2.getsize()))
    print("    s1=>s3")
    s3=s1.StrCopy()
    print("    s3: ",end='');s3.DispStr()
    print("    s1 和 s2 连接=>s4")
    s4=s1.Concat(s2)
    print("    s4: ",end='');s4.DispStr()
    print("    s4[2..5]=>s5")
    s5=s4.SubStr(2,5)
    print("    s5: ",end='');s5.DispStr()
    print("    s4 中序号 2 位置插入 s2=>s6")
    s6=s4.InsStr(2,s2)
    print("    s6: ",end='');s6.DispStr()
    print("    s6 中删除[2,3]=>s7")
    s7=s6.DelStr(2,3)
    print("    s7: ",end='');s7.DispStr()
    print("    s6 中[2,3]替换为 s1=>s8")
    s8=s6.RepStr(2,3,s1)
    print("    s8: ",end='');s8.DispStr()
```

上述程序的执行结果如图 2.30 所示。

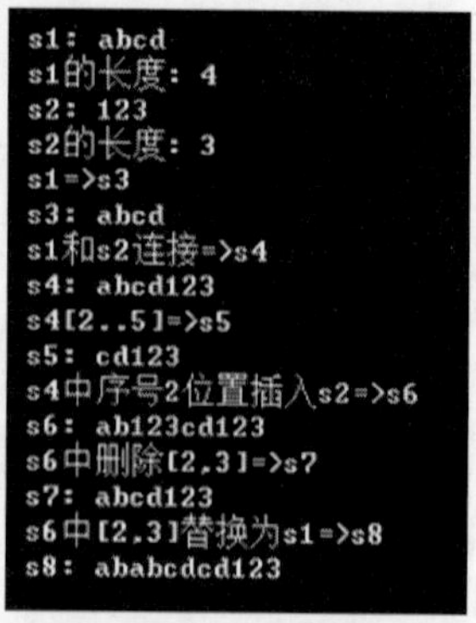

```
s1: abcd
s1的长度: 4
s2: 123
s2的长度: 3
s1=>s3
s3: abcd
s1和s2连接=>s4
s4: abcd123
s4[2..5]=>s5
s5: cd123
s4中序号2位置插入s2=>s6
s6: ab123cd123
s6中删除[2.3]=>s7
s7: abcd123
s6中[2.3]替换为s1=>s8
s8: ababcdcd123
```

图 2.30　第 4 章基础实验题 1 的执行结果

2. 解：链串的基本运算算法的设计原理参见《教程》中的 4.1.2 节。包含链串基本运算算法类 LinkString 以及测试主程序的 Exp1-2.py 文件如下：

```python
class LinkNode:                             #链串结点类型
    def __init__(self,d=None):              #构造方法
        self.data=d                         #存放一个字符
        self.next=None                      #指向下一个结点的指针

class LinkString:                           #链串类
    def __init__(self):                     #构造方法
        self.head=LinkNode()                #建立头结点
        self.size=0

    #串的基本运算算法
    def StrAssign(self,cstr):               #创建一个串
        t=self.head                         #t 始终指向尾结点
        for i in range(len(cstr)):          #循环建立字符结点
            p=LinkNode(cstr[i])
            t.next=p; t=p                   #将 p 结点插入尾部
            self.size+=1
        t.next=None                         #尾结点的 next 置为空

    def StrCopy(self):                      #复制串
        s=LinkString()
        t=s.head                            #t 始终指向 s 链串的尾结点
        p=self.head.next
        while p!=None:
            q=LinkNode(p.data)
            t.next=q;
            t=q;
            p=p.next
        t.next=None                         #尾结点的 next 置为空
        return s

    def getsize(self):                      #求串长
        return self.size
```

```python
    def __getitem__(self,i):                    #求序号为i的元素
        assert 0<=i<self.size                   #检测参数i正确性的断言
        p=self.head
        j=-1
        while j<i:                              #查找序号为i的结点p
            j+=1
            p=p.next
        return p.data                           #返回p结点值

    def __setitem__(self,i,x):                  #设置序号为i的元素
        assert 0<=i<self.size                   #检测参数
        p=self.head
        j=-1
        while j<i:                              #查找序号为i的结点p
            j+=1
            p=p.next
        p.data=x                                #置p结点值为x

    def Concat(self,t):                         #连接串
        s=LinkString()                          #新建一个空串
        p=self.head.next
        r=s.head
        while p!=None:                          #将当前链串的所有结点复制到s
            q=LinkNode(p.data)
            r.next=q
            r=q                                 #将q结点插入尾部
            p=p.next
        p=t.head.next
        while p!=None:                          #将链串t的所有结点复制到s
            q=LinkNode(p.data)
            r.next=q
            r=q                                 #将q结点插入尾部
            p=p.next
        s.size=self.size+t.size
        r.next=None                             #尾结点的next置为空
        return s                                #返回新串s

    def SubStr(self,i,j):                       #求子串
        s=LinkString()                          #新建一个空串
        assert i>=0 and i<self.size and j>0 and i+j<=self.size    #检测参数
        p=self.head.next
        t=s.head                                #t指向新建链表的尾结点
        for k in range(i):                      #移动i-1个结点
            p=p.next
        for k in range(j):                      #将从序号为i的结点开始的j个结点复制到s
            q=LinkNode(p.data)
            t.next=q
            t=q                                 #将q结点插入尾部
            p=p.next
        s.size=j
        t.next=None                             #尾结点的next置为空
        return s                                #返回新建的链串
```

```python
def InsStr(self,i,t):                                    #插入串
    s=LinkString()                                       #新建一个空串
    assert i>=0 and i<self.size                          #检测参数
    p=self.head.next
    p1=t.head.next
    r=s.head                                             #r指向新建链表的尾结点
    for k in range(i):                                   #将当前链串的前i个结点复制到s
        q=LinkNode(p.data)
        r.next=q
        r=q                                              #将q结点插入尾部
        p=p.next
    while p1!=None:                                      #将t中的所有结点复制到s
        q=LinkNode(p1.data)
        r.next=q
        r=q                                              #将q结点插入尾部
        p1=p1.next
    while p!=None:                                       #将p及其后的结点复制到s
        q=LinkNode(p.data)
        r.next=q
        r=q                                              #将q结点插入尾部
        p=p.next
    s.size=self.size+t.size
    r.next=None                                          #尾结点的next置为空
    return s                                             #返回新建的链串

def DelStr(self,i,j):                                    #删除串
    s=LinkString()                                       #新建一个空串
    assert i>=0 and i<self.size and j>0 and i+j<=self.size   #检测参数
    p=self.head.next
    t=s.head                                             #t指向新建链表的尾结点
    for k in range(i):                                   #将s的前i个结点复制到s
        q=LinkNode(p.data)
        t.next=q
        t=q                                              #将q结点插入尾部
        p=p.next
    for k in range(j):                                   #让p沿next跳j个结点
        p=p.next
    while p!=None:                                       #将p及其后的结点复制到s
        q=LinkNode(p.data)
        t.next=q
        t=q                                              #将q结点插入尾部
        p=p.next
    s.size=self.size-j
    t.next=None                                          #尾结点的next置为空
    return s                                             #返回新建的链串

def RepStr(self,i,j,t):                                  #替换串
    s=LinkString()                                       #新建一个空串
    assert i>=0 and i<self.size and j>0 and i+j<=self.size   #检测参数
    p=self.head.next
    p1=t.head.next
    r=s.head                                             #r指向新建链表的尾结点
    for k in range(i):                                   #将s的前i个结点复制到s
```

```python
                q=LinkNode(p.data)
                r.next=q                    #将q结点插入尾部
                r=q
                p=p.next
            for k in range(j):              #让p沿next跳j个结点
                p=p.next
            while p1!=None:                 #将t中的所有结点复制到s
                q=LinkNode(p1.data)
                r.next=q                    #将q结点插入尾部
                r=q
                p1=p1.next
            while p!=None:                  #将p及其后的结点复制到s
                q=LinkNode(p.data)
                r.next=q                    #将q结点插入尾部
                r=q
                p=p.next
            s.size=self.size-j+t.size
            r.next=None                     #尾结点的next置为空
            return s

    def DispStr(self):                      #输出串
        p=self.head.next
        while p!=None:
            print(p.data,end='')
            p=p.next
        print()

if __name__ == '__main__':
    print()
    cstr1="abcd"
    cstr2="123"
    s1=LinkString()
    s1.StrAssign(cstr1)
    print("  s1: ",end='');s1.DispStr()
    print("  s1 的长度: %d" %(s1.getsize()))
    s2=LinkString()
    s2.StrAssign(cstr2)
    print("  s2: ",end='');s2.DispStr()
    print("  s2 的长度: %d" %(s2.getsize()))
    print("  s1=> s3")
    s3=s1.StrCopy()
    print("  s3: ",end='');s3.DispStr()
    print("  s1 和 s2 连接=> s4")
    s4=s1.Concat(s2)
    print("  s4: ",end='');s4.DispStr()
    print("  s4[2..5]=> s5")
    s5=s4.SubStr(2,5)
    print("  s5: ",end='');s5.DispStr()
    print("  s4 中序号 2 位置插入 s2=> s6")
    s6=s4.InsStr(2,s2)
    print("  s6: ",end='');s6.DispStr()
    print("  s6 中删除[2,3]=> s7")
    s7=s6.DelStr(2,3)
```

```
        print("  s7: ",end='');s7.DispStr()
        print("  s6中[2,3]替换为s1=>s8")
        s8=s6.RepStr(2,3,s1)
        print("  s8: ",end='');s8.DispStr()
```

上述程序的执行结果同基础实验题1,如图2.30所示。

3. 解：BF和KMP算法的设计原理参见《教程》中的4.1.3节。对应的字符串匹配算法的Exp1-3.py程序如下：

```
from SqString import SqString
MaxSize=100
def BF(s,t):                                    #BF算法
    i,j=0,0
    while i<s.getsize() and j<t.getsize():      #两串未遍历完时循环
        if s[i]==t[j]:                          #继续匹配下一个字符
            i,j=i+1,j+1                         #目标串和模式串依次匹配下一个字符
        else:                                   #目标串、模式串指针回溯重新开始下一次匹配
            i,j=i-j+1,0                         #目标串从下一个位置开始匹配
    if j>=t.getsize():
        return i-t.getsize()                    #返回匹配的第一个字符的序号
    else:
        return -1                               #模式匹配不成功

def GetNext(t,next):                            #由模式串t求出next值
    j,k=0,-1
    next[0]=-1
    while j<t.getsize()-1:
        if k==-1 or t[j]==t[k]:                 #j遍历后缀,k遍历前缀
            j,k=j+1,k+1
            next[j]=k
        else: k=next[k]                         #k置为next[k]
    for j in range(t.getsize()):                #输出next数组
        print("%5d" %(j),end='')
    print()
    for j in range(t.getsize()):
        print("%5c" %(t[j]),end='')
    print()
    for j in range(t.getsize()):
        print("%5d" %(next[j]),end='')
    print()

def KMP(s,t):                                   #KMP算法
    next=[None]*MaxSize
    GetNext(t,next)                             #求next数组
    i,j=0,0
    while i<s.getsize() and j<t.getsize():
        if j==-1 or s[i]==t[j]:
            i,j=i+1,j+1                         #i、j各增1
        else: j=next[j]                         #i不变,j回退
    if j>=t.getsize():
        return i-t.getsize()                    #返回起始序号
    else:
```

```
        return -1                              # 返回-1
if __name__ == '__main__':
    cstr1="aaaaaab"
    s=SqString()
    s.StrAssign(cstr1)
    print()
    print("    s: ",end='');s.DispStr()
    cstr2="aaaab"
    t=SqString()
    t.StrAssign(cstr2)
    print("    t: ",end='');t.DispStr()
    print("  (1)BF")
    print("      BF求解结果：%d" %(BF(s,t)))
    print("  (2)KMP")
    print("      KMP求解结果：%d" %(KMP(s,t)))
```

上述程序的执行结果如图 2.31 所示。

图 2.31　第 4 章基础实验题 3 的执行结果

2.4.3　应用实验题

1. 编写一个实验程序，假设串用 Python 字符串类型表示，求字符串 s 中出现的最长的可重叠的重复子串。例如，s="abababab"，输出结果为"ababab"。

2. 编写一个实验程序，假设串用 Python 字符串类型表示，给定两个字符串 s 和 t，求串 t 在串 s 中不重叠出现的次数，如果不是子串则返回 0。例如，s="aaaab"，t="aa"，则 t 在 s 中出现两次。

3. 编写一个实验程序，假设串用 Python 字符串类型表示，给定两个字符串 s 和 t，求串 t 在串 s 中不重叠出现的次数，如果不是子串则返回 0，注意在判断子串时是与大小写无关的。例如，s="aAbAabaab"，t="aab"，则 t 在 s 中出现 3 次。

4. 求马鞍点问题。如果矩阵 a 中存在一个元素 $a[i][j]$ 满足这样的条件：$a[i][j]$ 是第 i 行中值最小的元素，且又是第 j 列中值最大的元素，则称之为该矩阵的一个马鞍点。设计一个程序，计算出 $m \times n$ 的矩阵 a 的所有马鞍点。

5. 对称矩阵压缩存储的恢复。一个 n 阶对称矩阵 A 采用一维数组 a 压缩存储，压缩方式为按行优先顺序存放 A 的下三角和主对角线的各元素，完成以下功能：

① 由 A 产生压缩存储 a。

② 由 b 来恢复对称矩阵 C。

通过相关数据进行测试。

2.4.4　应用实验题参考答案

1. 解：采用简单匹配算法的思路，先给最长重复子串的下标 maxi 和长度 maxl 赋值为 0。设 $s="a_0 \cdots a_{n-1}"$，i 从头扫描 s，对于当前字符 a_i，判定其后是否有相同的字符，j 从 $i+1$ 开始遍历 s 后面的字符，若有 $a_i = a_j$，再判定 a_{i+1} 是否等于 a_{j+1}，a_{i+2} 是否等于 a_{j+2}，…，直到找到一个不同的字符为止，即找到一个重复出现的子串，把其下标 i 与长度 l 记下来，将 l 与 maxl 相比较，保留较长的重复子串 maxi 和 maxl。再从 a_{j+1} 之后查找重复子串。最后的 maxi 与 maxl 即记录下最长可重叠重复子串的起始下标与长度，由其构造字符串 t 并返回。对应的实验程序 Exp2-1.py 如下：

```python
def maxsubstr(s):                              # 求 s 中出现的最长的可重叠的重复子串
    maxi, maxl = 0, 0
    i = 0
    while i < len(s):                          # i 遍历 s
        j = i + 1                              # 从 i+1 开始
        while j < len(s):                      # 查找以 si 开头的相同重复子串
            if s[i] == s[j]:                   # 遇到首字符相同
                l = 1
                while j + l < len(s) and s[i+l] == s[j+l]:
                    l += 1                     # 找到重复子串(i,l)
                if l > maxl:                   # 存放较长子串(maxi,maxl)
                    maxi = i
                    maxl = l
                j += 1                         # j 跳过一个字符继续在后面找子串
            else: j += 1                       # 首字符不相同，j 递增
        i += 1                                 # i 后移
    t = s[maxi:maxi+maxl]                      # 构造最长重复子串
    if t: return t
    else: return "None"

# 主程序
print()
print(" 测试 1")
s = "ababcabccabdce"
print(" s: " + s)
print(" s 中最长重复子串: " + maxsubstr(s))
print(" 测试 2")
s = "abcd"
print(" s: " + s)
print(" s 中最长重复子串: " + maxsubstr(s))
print(" 测试 3")
s = "abababab"
print(" s: " + s)
print(" s 中最长重复子串: " + maxsubstr(s))
```

上述程序的执行结果如图 2.32 所示。

2. 解：采用两种解法。用 cnt 累计 t 在串 s 中不重叠出现的次数(初始值为 0)。

① 基于 BF 算法：在找到子串后不是退出，而是 cnt 增加 1，i 增加 t 的长度并继续查找，直到整个字符串查找完毕。

```
测试1
s: ababcabccabdce
s中最长重复子串: abc
测试2
s: abcd
s中最长重复子串: None
测试3
s: abababab
s中最长重复子串: abababab
```

图 2.32　第 4 章应用实验题 1 的执行结果

② 基于 KMP 算法：当匹配成功时，cnt 增加 1，并且置 j 为 0 重新开始比较。对应的实验程序 Exp2-2.py 如下：

```python
MaxSize=100
def StrCount1(s,t):                                    # 基于 BF 算法求解
    i,cnt=0,0
    while i<len(s)-len(t)+1:
        j,k=i,0
        while j<len(s) and k<len(t) and s[j]==t[k]:
            j,k=j+1,k+1
        if k==len(t):                                  # 找到一个子串
            cnt+=1                                     # 累加出现的次数
            i=j                                        # i 从 j 开始
        else: i+=1                                     # i 增加 1
    return cnt

def GetNext(t,next):                                   # 由模式串 t 求出 next 值
    j,k=0,-1
    next[0]=-1
    while j<len(t)-1:
        if k==-1 or t[j]==t[k]:                        # j 遍历后缀，k 遍历前缀
            j,k=j+1,k+1
            next[j]=k
        else:
            k=next[k]                                  # k 置为 next[k]

def StrCount2(s,t):                                    # 基于 KMP 算法求解
    i,j=0,0
    cnt=0
    next=[0]*MaxSize
    GetNext(t,next)                                    # 求 next 数组
    while i<len(s) and j<len(t):
        if j==-1 or s[i]==t[j]:
            i,j=i+1,j+1
        else:
            j=next[j]
        if j>=len(t):                                  # 找到一个子串
            cnt+=1                                     # 累加出现的次数
            j=0
    return cnt

# 主程序
print()
```

```
print(" 测试 1")
s="aaaab"
t="aa"
print("    s:"+s+" t:"+t)
print("      BF: t 在 s 中出现次数=%d" %(StrCount1(s,t)))
print("      KMP: t 在 s 中出现次数=%d" %(StrCount2(s,t)))
print(" 测试 2")
s="abcabcdabcdeabcde"
t="abcd"
print("    s:"+s+" t:"+t)
print("      BF: t 在 s 中出现次数=%d" %(StrCount1(s,t)))
print("      KMP: t 在 s 中出现次数=%d" %(StrCount2(s,t)))
print(" 测试 3")
s="abcABCDabc"
t="abcd"
print("    s:"+s+" t:"+t)
print("      BF: t 在 s 中出现次数=%d" %(StrCount1(s,t)))
print("      KMP: t 在 s 中出现次数=%d" %(StrCount2(s,t)))
```

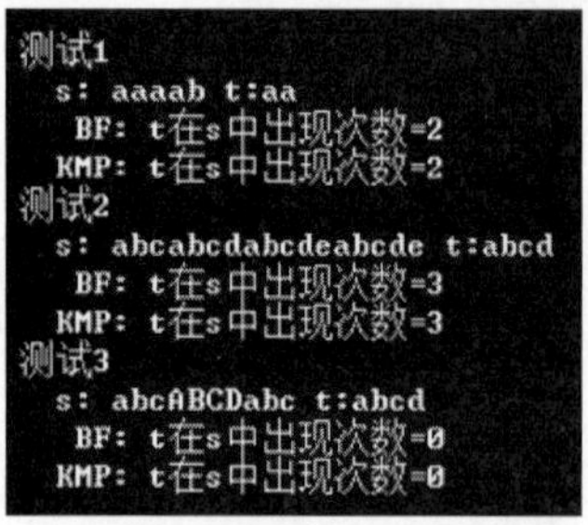

图 2.33 第 4 章应用实验题 2 的执行结果

上述程序的执行结果如图 2.33 所示。

3. 解：由于在判断子串时是大小写无关的，所以将 s 和 t 中两个字符是否相同的条件改为 $s[i]$.lower()==$t[j]$.lower()，用 cnt 累计 t 在串 s 中不重叠出现的次数（初始值为 0）。采用两种解法。

① 基于 BF 算法：在找到子串后不是退出，而是 cnt 增加 1，i 增加 t 的长度并继续查找，直到整个字符串查找完毕。

② 基于 KMP 算法：当匹配成功时，cnt 增加 1，并且置 j 为 0 重新开始比较。

对应的实验程序 Exp2-3.py 如下：

```
MaxSize=100
def StrCount1(s,t):                                    #基于 BF 算法求解
    i,cnt=0,0
    while i<len(s)-len(t)+1:
        j,k=i,0
        while j<len(s) and k<len(t) and s[j].lower()==t[k].lower():
            j,k=j+1,k+1
        if k==len(t):                                  #找到一个子串
            cnt+=1                                     #累加出现的次数
            i=j                                        #i 从 j 开始
        else: i+=1                                     #i 增加 1
    return cnt

def GetNext(t,next):                                   #由模式串 t 求出 next 值
    j,k=0,-1
    next[0]=-1
    while j<len(t)-1:
        if k==-1 or t[j].lower()==t[k].lower():
```

```
            j,k=j+1,k+1
            next[j]=k
        else:
            k=next[k]                                  #k 置为 next[k]
def StrCount2(s,t):                                    #基于 KMP 算法求解
    i,j=0,0
    cnt=0
    next=[0] * MaxSize
    GetNext(t,next)                                    #求 next 数组
    while i < len(s) and j < len(t):
        if j==-1 or s[i].lower()==t[j].lower():
            i,j=i+1,j+1
        else:
            j=next[j]
        if j>=len(t):                                  #找到一个子串
            cnt+=1                                     #累加出现的次数
            j=0
    return cnt

#主程序
print()
print(" 测试 1")
s="aAbAabaab"
t="aab"
print("    s:"+s+" t:"+t)
print("      BF: t在s中出现次数=%d" %(StrCount1(s,t)))
print("      KMP: t在s中出现次数=%d" %(StrCount2(s,t)))
print(" 测试 2")
s="abcabcdabcdeabcde"
t="ABCD"
print("    s: "+s+" t:"+t)
print("      BF: t在s中出现次数=%d" %(StrCount1(s,t)))
print("      KMP: t在s中出现次数=%d" %(StrCount2(s,t)))
print(" 测试 3")
s="abcABCDabc"
t="abcd"
print("    s: "+s+" t:"+t)
print("      BF: t在s中出现次数=%d" %(StrCount1(s,t)))
print("      KMP: t在s中出现次数=%d" %(StrCount2(s,t)))
```

上述程序的执行结果如图 2.34 所示。

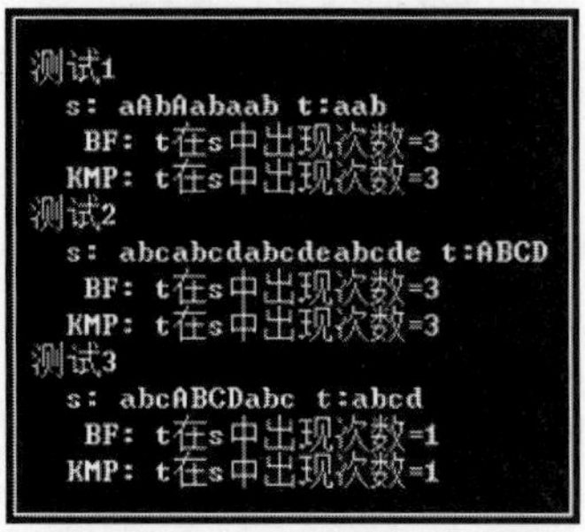

图 2.34　第 4 章应用实验题 3 的执行结果

4. 解：对于二维数组 $a[m][n]$，先求出每行的最小值元素放入 min 数组中，再求出每列的最大值元素放入 max 数组中。若 $\min[i]=\max[j]$，则该元素 $a[i][j]$ 便是马鞍点，找出所有这样的元素并输出。

对应的实验程序 Exp2-4.py 如下：

```python
def MinMax(a):                              # 求所有马鞍点
    m=len(a)                                # 行数
    n=len(a[0])                             # 列数
    min=[0]*m
    max=[0]*n
    for i in range(m):                      # 计算每行的最小元素,放入min[i]中
        min[i]=a[i][0]
        for j in range(1,n):
            if a[i][j]<min[i]:
                min[i]=a[i][j]
    for j in range(n):                      # 计算每列的最大元素,放入max[j]中
        max[j]=a[0][j]
        for i in range(1,m):
            if a[i][j]>max[j]:
                max[j]=a[i][j]
    res=[]                                  # 存放马鞍点
    for i in range(m):                      # 判断是否为马鞍点
        for j in range(n):
            if min[i]==max[j]:
                res.append([i,j,a[i][j]])   # 找到一个马鞍点
    return res
def disp(a):                                # 输出二维数组
    for i in range(len(a)):
        for j in range(len(a[i])):
            print("%4d" %(a[i][j]),end=' ')
        print()

#主程序
a=[[1,3,2,4],[15,10,1,3],[4,5,3,6]]
print("\n a:");     disp(a)
print(" 所有马鞍点: ")
ans=MinMax(a)
for i in range(len(ans)):
    print("   (%d,%d): %d" %(ans[i][0],ans[i][1],ans[i][2]))
```

上述程序的执行结果如图 2.35 所示。

```
a:
    1    3    2    4
   15   10    1    3
    4    5    3    6
所有马鞍点:
   (2,2):3
```

图 2.35 第 4 章应用实验题 4 的执行结果

5. 解：设 A 为 n 阶对称矩阵，若其压缩数组 a 中有 m 个元素，则有 $n(n+1)/2=m$，即 $n^2+n-2m=0$，求得 $n=(\text{int})(-1+\text{sqrt}(1+8m))/2$。

由 n 阶对称矩阵 A 生成压缩数组 a 的过程如下：先分配 a 的空间，用 k 遍历 a，用 i、j 遍历 A 的下三角和主对角线部分的元素，依次将 $A[i][j]$ 存放到 $a[k]$ 中。最后返回 a。

由压缩数组 b 恢复对称矩阵 C 的过程如下：由 b 的长度 m 求出 n，先分配 C 的空间，用 k 遍历 b，用 i、j 遍历 C 的下三角和主对角线部分的元素，依次将 $b[k]$ 存放到 $C[i][j]$ 中，同时置 $C[j][i]=C[i][j]$ 求出上三角部分元素。最后返回 C。

对应的实验程序 Exp2-5.py 如下：

```
import math
def disp(A):                              # 输出二维数组 A
    for i in range(len(A)):
        for j in range(len(A[i])):
            print("%4d" %(A[i][j]),end=' ')
        print()
def compression(A,n):                     # 将 n 阶对称矩阵 A 压缩存储到 a 中
    a=[0]*(n*(n+1)//2)
    k=0
    for i in range(n):
        for j in range(i+1):
            a[k]=A[i][j]
            k+=1
    return a
def Restore(b):                           # 由 b 恢复成 C
    m=len(b)
    n=int((-1+math.sqrt(1+8*m))/2)
    C=[[None]*n for i in range(n)]
    k=0
    for i in range(n):
        for j in range(i+1):              # 求 C 的主对角线和下三角部分元素
            C[i][j]=b[k]
            C[j][i]=C[i][j]               # 求上三角部分元素
            k+=1
    return C

#主程序
print("\n ********** 测试 1 **********")
n=3
A=[[1,2,3],[2,4,5],[3,5,6]]
print(" A:"); disp(A)
print(" A 压缩得到 a")
a=compression(A,n)
print(" a:")
for i in range(len(a)):
    print(" "+str(a[i]),end=' ')
print()
print(" 由 a 恢复得到 C")
C=Restore(a)
print(" C:"); disp(C)

print("\n ********** 测试 2 **********")
n=4
B=[[1,2,3,4],[2,5,6,7],[3,6,8,9],[4,7,9,10]]
```

```
print(" B:"); disp(B)
print(" B压缩得到 b")
b=compression(B,n)
print(" b:")
for i in range(len(b)):
    print(" "+str(b[i]),end=' ')
print()
print(" 由 b 恢复得到 D")
D=Restore(b)
print(" D:"); disp(D)
```

上述程序的执行结果如图 2.36 所示。

图 2.36 第 4 章应用实验题 5 的执行结果

2.5 第 5 章 递归

说明：本节所有上机实验题的程序文件位于 ch5 文件夹中。

2.5.1 基础实验题

1. 在求 $n!$ 的递归算法中增加若干输出语句，以显示求 $n!$ 时的分解和求值过程，并输出求 5! 的过程。

2. 采用递归算法求 Fibonacci 数列的第 n 项时存在重复计算，设计对应的非递归算法避免这些重复计算，并且输出递归和非递归算法的前 10 项结果。

2.5.2 基础实验题参考答案

1. 解：对应的实验程序 Exp1-1.py 如下。

```
def fun(n):                                   ♯求 n!
    if n==1:
        print("  递归出口:fun(1)=1")
        return 1
    else:
        print("  分解:fun(%d)=fun(%d) * %d" %(n,n-1,n))
        m=fun(n-1) * n
        print("  求值:fun(%d)=fun(%d) * %d=%d" %(n,n-1,n,m))
        return m

♯主程序
print()
f=fun(5)
print("  最后结果:fun(5)=%d" %(f))
```

上述程序的执行结果如图 2.37 所示。

2. 解：对应的实验程序 Exp1-2.py 如下。

```
def Fib1(n):                          ♯求 Fibonacci 数列第 n 项的递归算法
    if n==1 or n==2:
        return 1
    else:
        return Fib1(n-1)+Fib1(n-2)

def Fib2(n):                          ♯求 Fibonacci 数列第 n 项的非递归算法
    if n==1 or n==2:
        return 1
    a,b=1,1
    for i in range(3,n+1):
        c=a+b
        a=b
        b=c
    return c

♯主程序
print()
for n in range(1,11):
    print("  Fib1(%d)=%d" %(n,Fib1(n)),end='\t')
    print("  Fib2(%d)=%d" %(n,Fib2(n)))
```

上述程序的执行结果如图 2.38 所示。

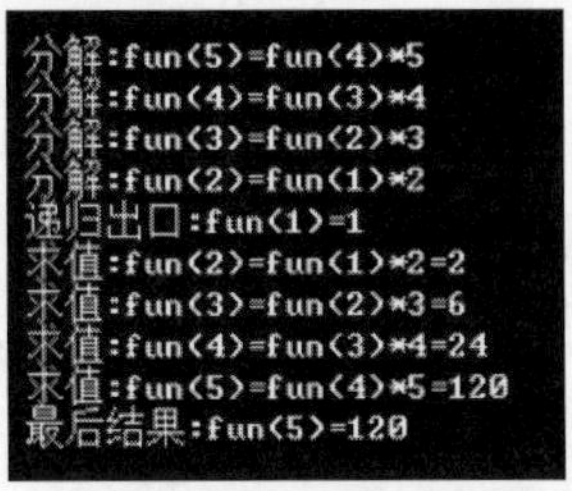

图 2.37 第 5 章基础实验题 1 的执行结果 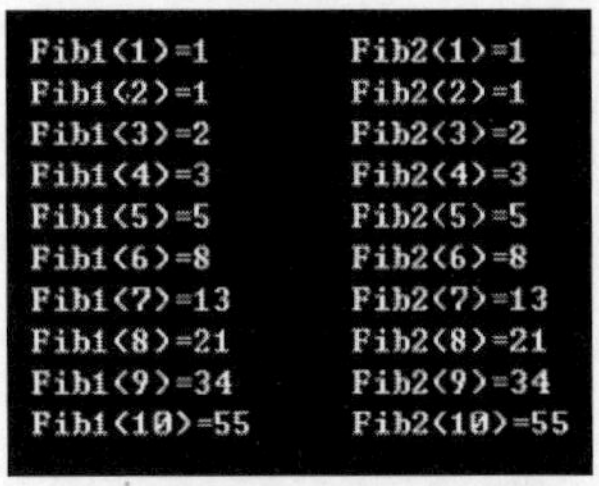　　　图 2.38 第 5 章基础实验题 2 的执行结果

2.5.3 应用实验题

1. 求楼梯走法数问题。一个楼梯有 n 个台阶，上楼可以一步上一个台阶，也可以一步上两个台阶。编写一个实验程序，求上楼梯共有多少种不同的走法，并用相关数据进行测试。

2. 假设 L 是一个带头结点的非空单链表，设计以下递归算法：
（1）逆置单链表 L。
（2）求结点值为 x 的结点个数。
并用相关数据进行测试。

3. 输入一个正整数 $n(n>5)$，随机产生 n 个 1~99 的整数，采用递归算法求其中的最大整数和次大整数。

2.5.4 应用实验题参考答案

1. 解：设 $f(n)$ 表示上 n 个台阶的楼梯的走法数，显然 $f(1)=1,f(2)=2$（一种走法是一步上一个台阶、走两步，另外一种走法是一步上两个台阶）。

对于大于 2 的 n 个台阶的楼梯，一种走法是第一步上一个台阶，剩余 $n-1$ 个台阶的走法数是 $f(n-1)$；另一种走法是第一步上两个台阶，剩余 $n-2$ 个台阶的走法数是 $f(n-2)$，所以有 $f(n)=f(n-1)+f(n-2)$。

对应的递归模型如下：

$f(1)=1$
$f(2)=2$
$f(n)=f(n-1)+f(n-2)$ 当 $n>2$ 时

采用 4 种解法的实验程序 Exp2-1.py 如下：

```python
MAXN=100
dp=[0]*MAXN
def solve1(n):                              #解法1
    if n==1: return 1
    if n==2: return 2
    return solve1(n-1)+solve1(n-2)

def solve2(n):                              #解法2
    if dp[n]!=0:
        return dp[n]
    if n==1:
        dp[1]=1
        return dp[1]
    if n==2:
        dp[2]=2
        return dp[2]
    dp[n]=solve2(n-1)+solve2(n-2)
    return dp[n]

def solve3(n):                              #解法3
```

```
        dp[1]=1
        dp[2]=2
        for i in range(3,n+1):
            dp[i]=dp[i-1]+dp[i-2]
        return dp[n]

def solve4(n):                                      #解法 4
    a=1                                             #对应 f(n-2)
    b=2                                             #对应 f(n-1)
    c=0                                             #对应 f(n)
    if n==1: return 1
    if n==2: return 2
    for i in range(3,n+1):
        c=a+b
        a=b
        b=c
    return c

#主程序
n=10
print("\n n =%d" %(n))
print(" 解法 1:%d" %(solve1(n)))
print(" 解法 2:%d" %(solve2(n)))
print(" 解法 3:%d" %(solve3(n)))
print(" 解法 4:%d" %(solve4(n)))
```

上述程序的执行结果如图 2.39 所示。

2. 解：(1) 设 $f(t,h)$ 用于逆置以结点 t 为首结点(看成是不带头结点的单链表 t)的单链表,并且返回逆置后的单链表的首结点 h,这是大问题,小问题 $f(t.next,h)$ 用于逆置以结点 $t.next$ 为首结点的单链表,并且返回该逆置后的单链表的首结点 h。对应的递归模型如下：

图 2.39 第 5 章应用实验题 1 的执行结果

$f(t,h) \equiv h=t$　　　　　　　　当单链表 t 只有一个结点时
$f(t,h) \equiv h=f(t.next,h);$　　　其他情况
　　　　　将结点 t 作为尾结点 $t.next$ 的后继结点
　　　　　将结点 t 作为逆置后单链表的尾结点

(2) 设 $f(t,x)$ 用于求以结点 t 为首结点的单链表中值为 x 的结点个数。对应的递归模型如下：

$f(t,x)=0$　　　　　　　　　　当单链表 t 为空时
$f(t,h)=1+f(t.next,x)$　　　　当 $t.data=x$ 时
$f(t,h)=1+f(t.next,x)$　　　　当 $t.data \neq x$ 时

对应的实验程序 Exp2-2.py 如下：

```
from LinkList import LinkList,LinkNode            #引用《教程》第 2 章的单链表算法
def Reverse(L):                                    #(1)的算法
    L.head.next=Reverse1(L.head.next,L.head.next)
```

```
            return L
def Reverse1(t,h):
    if t.next==None:                      #以 t 为首结点的单链表只有一个结点
        h=t
        return h
    else:
        h=Reverse1(t.next,h)              #逆置 t.next 单链表
        t.next.next=t                     #将 t 结点作为尾结点
        t.next=None                       #尾结点 next 置为空
        return h

def Countx(L,x):                          #(2)的算法
    return Countx1(L.head.next,x)
def Countx1(p,x):
    if p==None:
        return 0
    if p.data==x:
        return 1+Countx1(p.next,x)
    else:
        return Countx1(p.next,x)

#主程序
a=[1,2,3,2,2]
L=LinkList()
L.CreateListR(a)
print()
print("    L: ",end=''),L.display()
print("    递归逆置")
L=Reverse(L)
print("    L: ",end=''),L.display()
x=2
print("    值为%d 的结点个数：%d" %(x,Countx(L,x)))
```

上述程序的执行结果如图 2.40 所示。

```
L: 1 2 3 2 2
递归逆置
L: 2 2 3 2 1
值为2的结点个数：3
```

图 2.40　第 5 章应用实验题 2 的执行结果

3. 解：设递归函数 $f(a,low,high)$ 返回 $[max1,max2]$，其中 max1 为最大整数，max2 为次大整数。对应的递归模型如下：

$f(a,low,high)=[a[low],-1]$　　　　当 $a[low..high]$ 仅含一个整数时
$f(a,low,high)=[max1,max2]$　　　当 $a[low..high]$ 仅含两个整数时
　　　　　　　$max1=\max(a[low],a[high])$
　　　　　　　$max2=\min(a[low],a[high])$
$f(a,low,high)=[max1,max2]$　　　其他情况
　　　　　　　$mid=(low+high)/2$
　　　　　　　$lres=f(a,low,mid)$
　　　　　　　$rres=f(a,mid+1,high)$
　　　　　　　max1 为 lres 中的最大整数，max2 为次大整数

对应的实验程序 Exp2-3.py 如下：

```python
import random
def solve():                                    #求解函数
    print()
    n=int(input("  n: "))
    a=random.sample(range(0,100),n)
    print("   整数序列:",a)
    res=Max2(a,0,n-1)
    print("   最大整数：%d,次大整数：%d" %(res[0],res[1]))
    print()

def Max2(a,low,high):                           #求解算法
    if low==high:
        return [a[low],-1]
    if low+1==high:
        max1=max(a[low],a[high])
        max2=min(a[low],a[high])
        return [max1,max2]
    mid=(low+high)//2
    lres=Max2(a,low,mid)
    rres=Max2(a,mid+1,high)
    if lres[0]>rres[0]:
        max1=lres[0]
        max2=max(lres[1],rres[0])
    else:
        max1=rres[0]
        max2=max(rres[1],lres[0])
    return [max1,max2]

#主程序
solve()
```

上述程序的执行结果如图 2.41 所示。

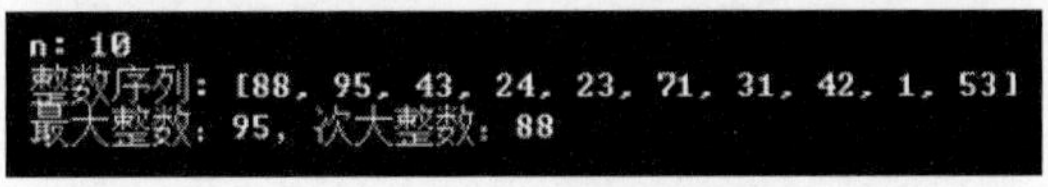

```
n: 10
整数序列：[88, 95, 43, 24, 23, 71, 31, 42, 1, 53]
最大整数：95,次大整数：88
```

图 2.41　第 5 章应用实验题 3 的执行结果

2.6　第 6 章　树和二叉树

说明：本节所有上机实验题的程序文件位于 ch6 文件夹中。

2.6.1　基础实验题

1. 假设二叉树采用二叉链存储，每个结点值为单个字符并且所有结点值不相同。编写一个实验程序，由二叉树的中序序列和后序序列构造二叉链，实现查找、求高度、先序遍历、中序遍历、后序遍历和层次遍历算法，用相关数据进行测试。

2. 假设二叉树采用顺序存储结构存储，每个结点值为单个字符并且所有结点值不相同。编写一个实验程序，由二叉树的中序序列和后序序列构造二叉链，实现查找、求高度、先序遍历、中序遍历、后序遍历和层次遍历算法，用相关数据进行测试。

2.6.2 基础实验题参考答案

1. 解：二叉树基本运算、遍历和构造的相关原理参见《教程》中的 6.2 节～6.5 节。对应的实验程序 Exp1-1.py 如下：

```python
from collections import deque                          #引入 deque
class BTNode:                                          #二叉链中的结点类
    def __init__(self,d=None):                         #构造方法
        self.data=d                                    #结点值
        self.lchild=None                               #左孩子指针
        self.rchild=None                               #右孩子指针

class BTree:                                           #二叉树类(二叉链存储结构)
    def __init__(self,d=None):                         #构造方法
        self.b=None                                    #根结点指针

    def DispBTree(self):                               #返回二叉链的括号表示串
        return self._DispBTree1(self.b)
    def _DispBTree1(self,t):                           #被 DispBTree()方法调用
        if t==None:                                    #空树返回空串
            return ""
        else:
            bstr=t.data                                #输出根结点值
            if t.lchild!=None or t.rchild!=None:
                bstr+="("                              #有孩子结点时输出"("
                bstr+=self._DispBTree1(t.lchild)       #递归输出左子树
                if t.rchild!=None:
                    bstr+=","                          #有右孩子结点时输出","
                bstr+=self._DispBTree1(t.rchild)       #递归输出右子树
                bstr+=")"                              #输出")"
            return bstr

    def FindNode(self,x):                              #查找值为 x 的结点的算法
        return self._FindNode1(self.b,x)
    def _FindNode1(self,t,x):                          #被 FindNode()方法调用
        if t==None:
            return None                                #t 为空时返回 null
        elif t.data==x:
            return t                                   #t 所指结点值为 x 时返回 t
        else:
            p=self._FindNode1(t.lchild,x)              #在左子树中查找
            if p!=None:
                return p                               #在左子树中找到 p 结点,返回 p
            else:
                return self._FindNode1(t.rchild,x)     #返回在右子树中查找的结果

    def Height(self):                                  #求二叉树高度的算法
        return self._Height1(self.b)
```

```python
    def _Height1(self, t):                          # 被 Height()方法调用
        if t == None:
            return 0                                # 空树的高度为 0
        else:
            lh = self._Height1(t.lchild)            # 求左子树高度 lchildh
            rh = self._Height1(t.rchild)            # 求右子树高度 rchildh
            return max(lh, rh) + 1

def PreOrder(bt):                                   # 先序遍历的递归算法
    _PreOrder(bt.b)
def _PreOrder(t):                                   # 被 PreOrder()函数调用
    if t != None:
        print(t.data, end=' ')                      # 访问根结点
        _PreOrder(t.lchild)                         # 先序遍历左子树
        _PreOrder(t.rchild)                         # 先序遍历右子树

def InOrder(bt):                                    # 中序遍历的递归算法
    _InOrder(bt.b)
def _InOrder(t):                                    # 被 InOrder()函数调用
    if t != None:
        _InOrder(t.lchild)                          # 中序遍历左子树
        print(t.data, end=' ')                      # 访问根结点
        _InOrder(t.rchild)                          # 中序遍历右子树

def PostOrder(bt):                                  # 后序遍历的递归算法
    _PostOrder(bt.b)
def _PostOrder(t):                                  # 被 PostOrder()函数调用
    if t != None:
        _PostOrder(t.lchild)                        # 后序遍历左子树
        _PostOrder(t.rchild)                        # 后序遍历右子树
        print(t.data, end=' ')                      # 访问根结点

def LevelOrder(bt):                                 # 层次遍历的算法
    qu = deque()                                    # 将双端队列作为普通队列 qu
    qu.append(bt.b)                                 # 根结点进队
    while len(qu) > 0:                              # 队不空时循环
        p = qu.popleft()                            # 出队一个结点
        print(p.data, end=' ')                      # 访问 p 结点
        if p.lchild != None:                        # 有左孩子时将其进队
            qu.append(p.lchild)
        if p.rchild != None:                        # 有右孩子时将其进队
            qu.append(p.rchild)

def CreateBTree2(posts, ins):                       # 由后序序列 posts 和中序序列 ins 构造二叉链
    bt = BTree()
    bt.b = _CreateBTree2(posts, 0, ins, 0, len(posts))
    return bt
def _CreateBTree2(posts, i, ins, j, n):
    if n <= 0: return None
    d = posts[i+n-1]                                # 取后序序列的尾元素 d
    t = BTNode(d)                                   # 创建根结点(结点值为 d)
    p = ins.index(d)                                # 在 ins 中找到根结点的索引
    k = p - j                                       # 确定左子树中的结点个数 k
```

```
            t.lchild=_CreateBTree2(posts,i,ins,j,k)           #递归构造左子树
            t.rchild=_CreateBTree2(posts,i+k,ins,p+1,n-k-1)   #递归构造右子树
    return t

#主程序
ins=['D','G','B','A','E','C','F']
posts=['G','D','B','E','F','C','A']
print()
print("   中序:",end=' '); print(ins)
print("   后序:",end=' '); print(posts)
print("   构造二叉树 bt")
bt=BTree()
bt=CreateBTree2(posts,ins)
print("   bt:",end=' '); print(bt.DispBTree())
x='X'
p=bt.FindNode(x)
if p!=None: print("   bt 中存在"+x)
else: print("   bt 中不存在"+x)
print("   bt 的高度=%d" %(bt.Height()))
print("   先序序列:",end=' ');PreOrder(bt);print()
print("   中序序列:",end=' ');InOrder(bt);print()
print("   后序序列:",end=' ');PostOrder(bt);print()
print("   层次序列:",end=' ');LevelOrder(bt);print()
```

上述程序的执行结果如图 2.42 所示。

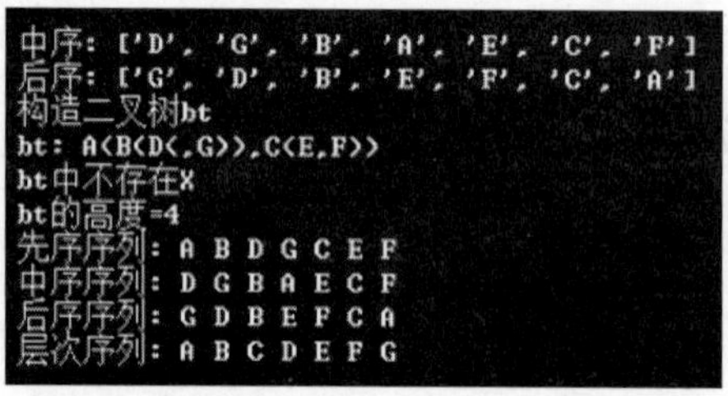

```
中序: ['D', 'G', 'B', 'A', 'E', 'C', 'F']
后序: ['G', 'D', 'B', 'E', 'F', 'C', 'A']
构造二叉树bt
bt: A(B(D(,G)),C(E,F))
bt中不存在X
bt的高度=4
先序序列: A B D G C E F
中序序列: D G B A E C F
后序序列: G D B E F C A
层次序列: A B C D E F G
```

图 2.42 第 6 章基础实验题 1 的执行结果

2. 解：二叉树顺序存储结构采用列表 sb 存储，根结点固定为 sb[0]，若结点 sb[t]有左孩子，则左孩子结点为 sb[$2t+1$]，若结点 sb[t]有右孩子，则右孩子结点为 sb[$2t+2$]，空结点用"#"表示。二叉树基本运算、遍历和构造的相关原理参见《教程》中的 6.2 节～6.5 节。对应的实验程序 Exp1-2.py 如下：

```
from collections import deque
MaxSize=12                                      #sb 的最大长度
class BTree:                                    #二叉树类(顺序存储结构)
    def __init__(self):                         #构造方法
        self.sb=['#'] * MaxSize                 #二叉树顺序存储结构数组

    def DispBTree(self):                        #输出二叉树的顺序存储结构
        print(self.sb)

    def FindNode(self,x):                       #查找值为 x 的结点的算法
        return self._FindNode(0,x)
```

```python
    def _FindNode(self, t, x):                      # 被 FindNode() 方法调用
        if t >= MaxSize or self.sb[t] == '#':
            return -1                                # t 为空时返回 -1
        elif self.sb[t] == x:
            return t                                 # t 所指结点值为 x 时返回 t
        else:
            p = self._FindNode(2*t+1, x)             # 在左子树中查找
            if p != -1:
                return p                             # 在左子树中找到 p 结点,返回 p
            else:
                return self._FindNode(2*t+2, x)      # 返回在右子树中查找的结果

    def Height(self):                                # 求二叉树高度的算法
        return self._Height(0)
    def _Height(self, t):                            # 被 Height() 方法调用
        if t >= MaxSize or self.sb[t] == '#':
            return 0                                 # 空树的高度为 0
        else:
            lh = self._Height(2*t+1)                 # 求左子树高度 lchildh
            rh = self._Height(2*t+2)                 # 求右子树高度 rchildh
            return max(lh, rh) + 1

def PreOrder(bt):                                    # 先序遍历的递归算法
    _PreOrder(bt.sb, 0)
def _PreOrder(sb, t):                                # 被 PreOrder() 函数调用
    if t < MaxSize and sb[t] != '#':
        print(sb[t], end=' ')                        # 访问根结点
        _PreOrder(sb, 2*t+1)                         # 先序遍历左子树
        _PreOrder(sb, 2*t+2)                         # 先序遍历右子树

def InOrder(bt):                                     # 中序遍历的递归算法
    _InOrder(bt.sb, 0)
def _InOrder(sb, t):                                 # 被 InOrder() 函数调用
    if t < MaxSize and sb[t] != '#':
        _InOrder(sb, 2*t+1)                          # 中序遍历左子树
        print(sb[t], end=' ')                        # 访问根结点
        _InOrder(sb, 2*t+2)                          # 中序遍历右子树

def PostOrder(bt):                                   # 后序遍历的递归算法
    _PostOrder(bt.sb, 0)
def _PostOrder(sb, t):                               # 被 PostOrder() 函数调用
    if t < MaxSize and sb[t] != '#':
        _PostOrder(sb, 2*t+1)                        # 后序遍历左子树
        _PostOrder(sb, 2*t+2)                        # 后序遍历右子树
        print(sb[t], end=' ')                        # 访问根结点

def LevelOrder(bt):                                  # 层次遍历的算法
    _LevelOrder(bt.sb)
def _LevelOrder(sb):                                 # 被 LevelOrder() 函数调用
    qu = deque()                                     # 将双端队列作为普通队列 qu
    qu.append(0)                                     # 根结点进队
    while len(qu) > 0:                               # 队不空时循环
        t = qu.popleft()                             # 出队一个结点 t
```

```
        print(sb[t],end=' ')                              #访问p结点
        if 2*t+1<MaxSize and sb[2*t+1]!='#':
            qu.append(2*t+1)                              #有左孩子时将其进队
        if 2*t+2<MaxSize and sb[2*t+2]!='#':
            qu.append(2*t+2)                              #有右孩子时将其进队

def CreateBTree2(posts,ins):                              #由后序序列posts和中序序列ins构造二叉链
    bt=BTree()
    _CreateBTree2(bt.sb,0,posts,0,ins,0,len(posts))
    return bt
def _CreateBTree2(sb,t,posts,i,ins,j,n):
    if n<=0: return
    d=posts[i+n-1]                                        #取后序序列的尾元素d
    sb[t]=d                                               #创建根结点(结点值为d)
    p=ins.index(d)                                        #在ins中找到根结点的索引
    k=p-j                                                 #确定左子树中的结点个数k
    _CreateBTree2(sb,2*t+1,posts,i,ins,j,k)               #递归构造左子树
    _CreateBTree2(sb,2*t+2,posts,i+k,ins,p+1,n-k-1)       #递归构造右子树

#主程序
ins=['D','G','B','A','E','C','F']
posts=['G','D','B','E','F','C','A']
print()
print("  中序:",end=' '); print(ins)
print("  后序:",end=' '); print(posts)
print("  构造二叉树bt")
bt=BTree()
bt=CreateBTree2(posts,ins)
print("  bt:",end=' '); bt.DispBTree()
x='X'
p=bt.FindNode(x)
if p!=-1: print("  bt中存在"+x)
else: print("  bt中不存在"+x)
print("  bt的高度=%d" %(bt.Height()))
print("  先序序列:",end=' ');PreOrder(bt);print()
print("  中序序列:",end=' ');InOrder(bt);print()
print("  后序序列:",end=' ');PostOrder(bt);print()
print("  层次序列:",end=' ');LevelOrder(bt);print()
```

上述程序的执行结果如图2.43所示。

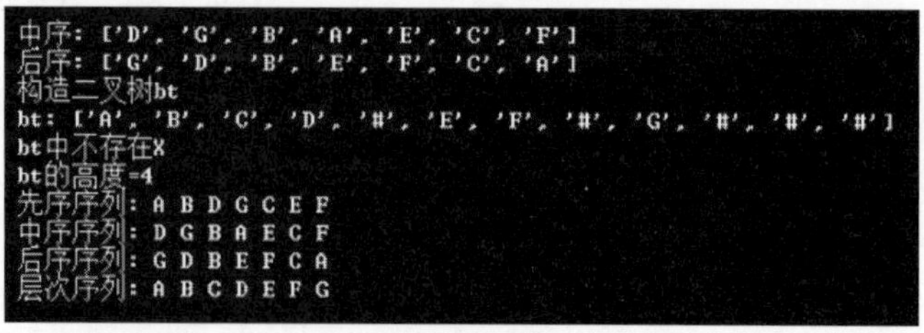

图2.43 第6章基础实验题2的执行结果

2.6.3 应用实验题

1. 假设非空二叉树采用二叉链存储结构,所有结点值为单个字符且不相同。编写一个

实验程序,将一棵二叉树 bt 的左、右子树进行交换,要求不破坏原二叉树,并且采用相关数据进行测试。

2. 假设二叉树采用二叉链存储结构,所有结点值为单个字符且不相同。编写一个实验程序,求 x 和 y 结点的最近公共祖先结点(LCA),假设二叉树中存在结点值为 x 和 y 的结点,并且采用相关数据进行测试。

3. 假设一棵非空二叉树中的结点值为整数,所有结点值均不相同。编写一个实验程序,给出该二叉树的先序序列 pres 和中序序列 ins,构造该二叉树的二叉链存储结构,再给出其中两个不同的结点值 x 和 y,输出这两个结点的所有公共祖先结点,采用相关数据进行测试。

4. 假设二叉树采用二叉链存储结构,所有结点值为单个字符且不相同。编写一个实验程序,采用《教程》中例 6.16 的 3 种解法按层次顺序(从上到下、从左到右)输出一棵二叉树中的所有结点,并且利用相关数据进行测试。

5. 假设二叉树采用二叉链存储结构,所有结点值为单个字符且不相同。编写一个实验程序,采用先序遍历和层次遍历方式输出二叉树中从根结点到每个叶子结点的路径,并且利用相关数据进行测试。

6. 编写一个实验程序,利用例 6.20 的数据(为了方便,将该例中的所有权值扩大 100 倍)构造哈夫曼树和哈夫曼编码,要求输出建立的哈夫曼树和相关哈夫曼编码。

2.6.4 应用实验题参考答案

1. 解:题目要求不破坏原二叉树,只有通过交换二叉树 bt 的左、右子树产生新的二叉树 bt1。假设 bt 的根结点为 b,bt1 的根结点为 t,对应的递归模型如下:

$f(b,t) \equiv t = None$	若 $b = None$
$f(b,t) \equiv$ 复制根结点 b 产生新结点 t;	其他情况
$\quad f(b.lchild, t1); f(b.rchild, t2);$	
$\quad t.lchild = t2; t.rchild = t1;$	

对应的实验程序 Exp2-1.py 如下:

```python
from BTree import BTree, BTNode
def Swap(bt):                               # 由 bt 交换左、右子树得到 bt1
    bt1 = BTree()
    bt1.SetRoot(_Swap(bt.b))
    return bt1
def _Swap(b):
    if b == None:
        t = None
    else:
        t = BTNode(b.data)                  # 复制根结点
        t1 = _Swap(b.lchild)                # 交换左子树
        t2 = _Swap(b.rchild)                # 交换右子树
        t.lchild = t2
        t.rchild = t1
    return t

# 主程序
```

```
                b=BTNode('A')                      #建立以 b 为根结点的二叉链
                p1=BTNode('B')
                p2=BTNode('C')
                p3=BTNode('D')
                p4=BTNode('E')
                p5=BTNode('F')
                p6=BTNode('G')
                b.lchild=p1
                b.rchild=p2
                p1.lchild=p3
                p3.rchild=p6
                p2.lchild=p4
                p2.rchild=p5
                bt=BTree()
                bt.SetRoot(b)
                print()
                print("    bt: ",end=' '); print(bt.DispBTree())
                print("    bt-> bt1")
                bt1=Swap(bt)
                print("    bt1:",end=' '); print(bt1.DispBTree())
```

```
bt:  A(B(D(,G)),C(E,F))
bt->bt1
bt1: A(C(F,E),B(,D(G)))
```

图 2.44　第 6 章应用实验题 1
　　　　的执行结果

上述程序的执行结果如图 2.44 所示。

2. 解：由于二叉树中存在结点值为 x 和 y 的结点，则 LCA 一定是存在的。采用先序遍历求根到 x 结点的路径 pathx（根到 x 结点的正向路径），根到 x 结点的路径 pathy，从头开始找到它们中最后一个相同的结点。类似地也可以采用后序非递归算法或者层次遍历，但这些方法要么需要遍历二叉树两次，要么回推路径比较麻烦。这里用先序遍历，一次遍历即可完成。

设计 _LCA(t,x,y) 算法返回根结点为 t 的二叉树中 x 和 y 结点的 LCA：

① 若 t＝None，返回 None。

② 若找到 x 或者 y 结点，即 t.data==x or t.data==y，返回 t。

③ 递归调用 p＝_LCA(t.lchild,x,y)，在 t 的左子树中查找 x 或者 y 结点。

④ 递归调用 q＝_LCA(t.rchild,x,y)，在 t 的右子树中查找 x 或者 y 结点。

⑤ 只有 p!=None 并且 q!=None（即在 t 的子树中找到 x 和 y 结点），即 t 结点就是 LCA 时，才返回 t。

⑥ 否则在找到 x 或者 y 结点的子树中继续查找另外一个结点。

⑦ 全部没有找到，返回 None。

对应的实验程序 Exp2-2.py 如下：

```
from BTree import BTree,BTNode
def LCA(bt,x,y):                          #求 x 和 y 结点的 LCA
    return _LCA(bt.b,x,y).data
def _LCA(t,x,y):
    if t!=None:
        if t.data==x or t.data==y:        #找到 x 或者 y 结点返回 t
            return t
        p=_LCA(t.lchild,x,y)              #在左子树中查找 x 或者 y 结点
```

```
            q=_LCA(t.rchild,x,y)            #在右子树中查找 x 或者 y 结点
            if p!=None and q!=None:         #只有在 t 的子树中找到 x 和 y 结点,才返回 t
                return t
            if p!=None: return p
            if q!=None: return q
        return None

def solve(bt,x,y):
    print(" %c 和%c 的 LCA: %c" %(x,y,LCA(bt,x,y)))

#主程序
b=BTNode('A')
p1=BTNode('B')
p2=BTNode('C')
p3=BTNode('D')
p4=BTNode('E')
p5=BTNode('F')
p6=BTNode('G')
b.lchild=p1
b.rchild=p2
p1.lchild=p3
p3.rchild=p6
p2.lchild=p4
p2.rchild=p5
bt=BTree()
bt.SetRoot(b)
print()
print(" bt: ",end=' '); print(bt.DispBTree())
solve(bt,'A','A')
solve(bt,'F','F')
solve(bt,'B','F')
solve(bt,'G','E')
solve(bt,'G','B')
solve(bt,'F','G')
```

上述程序的执行结果如图 2.45 所示。

3. 解：由先序序列 pres 和中序序列 ins 构造二叉链的过程参见《教程》中的 6.5.1 节。对于二叉链 bt 中两个不同的结点值 x 和 y，用 ator 列表存放它们的所有公共祖先结点，先求出它们的最近公共祖先结点（求出后置 find 为 True），当回退到 t 结点时若 find 为 True，说明结点 t 是公共祖先结点，将 t.data 添加到 ator 中。最后返回 ator。

图 2.45　第 6 章应用实验题 2 的执行结果

对应的实验程序 Exp2-3.py 如下：

```
class BTNode:                               #二叉链中的结点类
    def __init__(self,d=None):              #构造方法
        self.data=d                         #结点值
        self.lchild=None                    #左孩子指针
        self.rchild=None                    #右孩子指针
```

```python
class BTree:                                          #二叉树类
    def __init__(self,d=None):                        #构造方法
        self.b=None                                   #根结点指针

    def DispBTree(self):                              #返回二叉链的括号表示串
        return self._DispBTree(self.b)
    def _DispBTree(self,t):                           #被DispBTree()方法调用
        if t==None:                                   #空树返回空串
            return ""
        else:
            bstr=str(t.data)                          #输出根结点值
            if t.lchild!=None or t.rchild!=None:
                bstr+="("                             #有孩子结点时输出"("
                bstr+=self._DispBTree(t.lchild)       #递归输出左子树
                if t.rchild!=None:
                    bstr+=","                         #有右孩子结点时输出","
                bstr+=self._DispBTree(t.rchild)       #递归输出右子树
                bstr+=")"                             #输出")"
            return bstr

def CreateBTree1(pres,ins):                           #由先序序列pres和中序序列ins构造二叉链
    bt=BTree()
    bt.b=_CreateBTree1(pres,0,ins,0,len(pres))
    return bt
def _CreateBTree1(pres,i,ins,j,n):                    #被CreateBTree1()调用
    if n<=0: return None
    d=pres[i]                                         #取根结点值d
    t=BTNode(d)                                       #创建根结点(结点值为d)
    p=ins.index(d)                                    #在ins中找到根结点的索引
    k=p-j                                             #确定左子树中的结点个数k
    t.lchild=_CreateBTree1(pres,i+1,ins,j,k)          #递归构造左子树
    t.rchild=_CreateBTree1(pres,i+k+1,ins,p+1,n-k-1)  #递归构造右子树
    return t

def CA(bt,x,y):                                       #在bt中求x和y的所有公共祖先结点
    global find
    find=False                                        #表示是否找到x和y的最近公共祖先
    ator=[]                                           #存放x和y的所有公共祖先结点
    _CA(bt.b,x,y,ator)
    return ator
def _CA(t,x,y,ator):                                  #被CA()函数调用
    global find
    if t==None: return None
    if t.data==x or t.data==y:
        return t
    left=_CA(t.lchild,x,y,ator)
    right=_CA(t.rchild,x,y,ator)
    if left and right:
        find=True                                     #找到了x和y的最近公共祖先结点
        ator.append(t.data)
        return t
    if left!=None:
        if find: ator.append(t.data)
```

```
            return left
        if right!=None:
            if find: ator.append(t.data)
            return right
        return None

#主程序
pres=[2,1,3,4,5,8,9,13,10,12,7,11,6]
ins=[3,1,5,4,2,10,13,9,7,12,8,11,6]
bt=CreateBTree1(pres,ins)
print()
print("   bt;",end='')
print(bt.DispBTree())
x,y=5,10
print("   (1)%2d 和%2d 的所有公共祖先:" %(x,y),end='')
print(CA(bt,x,y))
x,y=6,7
print("   (2)%2d 和%2d 的所有公共祖先:" %(x,y),end='')
print(CA(bt,x,y))
x,y=3,4
print("   (3)%2d 和%2d 的所有公共祖先:" %(x,y),end='')
print(CA(bt,x,y))
x,y=10,7
print("   (4)%2d 和%2d 的所有公共祖先:" %(x,y),end='')
print(CA(bt,x,y))
```

上述程序的执行结果如图 2.46 所示。

```
bt; 2(1(3,4(5)),8(9(13(10),12(7)),11(,6)))
(1) 5和10的所有公共祖先: [2]
(2) 6和 7的所有公共祖先: [8, 2]
(3) 3和 4的所有公共祖先: [1, 2]
(4)10和 7的所有公共祖先: [9, 8, 2]
```

图 2.46　第 6 章应用实验题 3 的执行结果

4. 解：采用层次遍历，难点是如何确定每一层结点访问完，3 种解法见《教程》中例 6.16。对应的实验程序 Exp2-4.py 如下：

```
from BTree import BTree,BTNode
from collections import deque
class QNode:                                    #队列元素类
    def __init__(self,l,p):                     #构造方法
        self.lev=l                              #结点的层次
        self.node=p                             #结点的引用

def Leveldisp1(bt):
    qu=deque()                                  #解法1
    curl=1                                      #定义一个队列 qu
    strl=""                                     #当前层次,从1开始
    qu.append(QNode(1,bt.b))                    #根结点(层次为1)进队
    while len(qu)>0:                            #队不空时循环
        p=qu.popleft()                          #出队一个结点
        if p.lev==curl:                         #当前结点的层次 curl 大于 k,返回
```

```
            strl+=p.node.data+" "
        else:
            print("    第"+str(curl)+"层结点: "+strl)
            curl+=1
            strl=""
            strl+=p.node.data+" "                        #当前结点是第 curl+1 层的首结点
        if p.node.lchild!=None:                          #有左孩子时将其进队
            qu.append(QNode(p.lev+1,p.node.lchild))
        if p.node.rchild!=None:                          #有右孩子时将其进队
            qu.append(QNode(p.lev+1,p.node.rchild))
    print("    第"+str(curl)+"层结点: "+strl)

def Leveldisp2(bt):                                      #解法 2
    qu=deque()                                           #定义一个队列 qu
    curl=1                                               #当前层次,从 1 开始
    strl=""
    last=bt.b                                            #第 1 层的最右结点
    qu.append(bt.b)                                      #根结点进队
    while len(qu)>0:                                     #队不空时循环
        p=qu.popleft()                                   #出队一个结点
        strl+=p.data+" "                                 #当前结点是第 curl 层的结点
        if p.lchild!=None:                               #有左孩子时将其进队
            q=p.lchild
            qu.append(q)
        if p.rchild!=None:                               #有右孩子时将其进队
            q=p.rchild
            qu.append(q)
        if p==last:                                      #当前层的所有结点处理完毕
            print("    第"+str(curl)+"层结点: "+strl);
            strl=""
            last=q                                       #让 last 指向下一层的最右结点
            curl+=1

def Leveldisp3(bt):                                      #解法 3
    qu=deque()                                           #定义一个队列 qu
    curl=1                                               #当前层次,从 1 开始
    qu.append(bt.b)                                      #根结点进队
    strl=bt.b.data
    while len(qu)>0:                                     #队不空时循环
        print("    第"+str(curl)+"层结点: "+strl)
        strl=""
        n=len(qu)                                        #求出当前层的结点个数
        for i in range(n):                               #出队当前层的 n 个结点
            p=qu.popleft()                               #出队一个结点
            if p.lchild!=None:                           #有左孩子时将其进队
                qu.append(p.lchild)
                strl+=p.lchild.data+" "
            if p.rchild!=None:                           #有右孩子时将其进队
                qu.append(p.rchild)
                strl+=p.rchild.data+" "
        curl+=1                                          #转向下一层
    return 0
```

```
def solve(bt):
    print()
    print(" 求解结果");
    print("   解法 1:");
    Leveldisp1(bt);
    print("   解法 2:");
    Leveldisp2(bt);
    print("   解法 3:");
    Leveldisp3(bt);

#主程序
b=BTNode('A')
p1=BTNode('B')
p2=BTNode('C')
p3=BTNode('D')
p4=BTNode('E')
p5=BTNode('F')
p6=BTNode('G')
b.lchild=p1
b.rchild=p2
p1.lchild=p3
p3.rchild=p6
p2.lchild=p4
p2.rchild=p5
bt=BTree()
bt.SetRoot(b)
print("bt:",end=' ');print(bt.DispBTree())
solve(bt)
```

上述程序的执行结果如图 2.47 所示。

图 2.47　第 6 章应用实验题 4 的执行结果

5. 解：先序遍历求解思路见《教程》中例 6.15 的解法 2，层次遍历求解思路见《教程》中的例 6.17。对应的实验程序 Exp2-5.py 如下：

```
from BTree import BTree,BTNode
from collections import deque
def AllPath1(bt):                      #解法 1：先序遍历
    path=[None]*100
```

```python
    d=-1
    PreOrder(bt.b,path,d)

def PreOrder(t,path,d):                                  #先序遍历的输出结果
    if t!=None:
        if t.lchild==None and t.rchild==None:            #t为叶子结点
            print("    根结点到%c的路径: " %(t.data),end='')
            for i in range(d+1):
                print(path[i]+" ",end='')
            print(t.data)
        else:
            d+=1; path[d]=t.data                         #将当前结点放入路径中
            PreOrder(t.lchild,path,d)                    #递归遍历左子树
            PreOrder(t.rchild,path,d)                    #递归遍历右子树

class QNode:                                             #队列元素类
    def __init__(self,p,pre):                            #构造方法
        self.node=p                                      #当前结点的引用
        self.pre=pre                                     #当前结点的双亲结点

def AllPath2(bt):                                        #解法2：层次遍历
    qu=deque()                                           #定义一个队列qu
    qu.append(QNode(bt.b,None))                          #根结点(双亲为None)进队
    while len(qu)>0:                                     #队不空时循环
        p=qu.popleft()                                   #出队一个结点
        if p.node.lchild==None and p.node.rchild==None:  #p为叶子结点
            res=[]
            res.append(p.node.data)
            q=p.pre                                      #q为双亲
            while q!=None:                               #找到根结点为止
                res.append(q.node.data)
                q=q.pre
            print("    根结点到%c的路径: " %(p.node.data),end='')
            res.reverse()                                #逆置res
            print(' '.join(res))                         #转换为字符串输出
        if p.node.lchild!=None:                          #有左孩子时将其进队
            qu.append(QNode(p.node.lchild,p))            #置其双亲为p
        if p.node.rchild!=None:                          #有右孩子时将其进队
            qu.append(QNode(p.node.rchild,p))            #置其双亲为p

#主程序
b=BTNode('A')
p1=BTNode('B')
p2=BTNode('C')
p3=BTNode('D')
p4=BTNode('E')
p5=BTNode('F')
p6=BTNode('G')
b.lchild=p1
b.rchild=p2
p1.lchild=p3
p3.rchild=p6
p2.lchild=p4
```

```
            p2.rchild=p5
            bt=BTree()
            bt.SetRoot(b)
            print()
            print("  bt:",end=' ');print(bt.DispBTree())
            print("  解法 1")
            AllPath1(bt)
            print("  解法 2")
            AllPath2(bt)
```

上述程序的执行结果如图 2.48 所示。

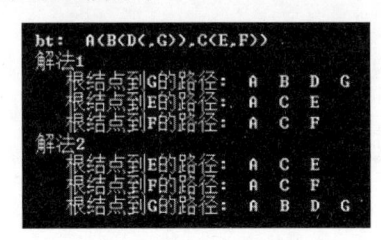

图 2.48　第 6 章应用实验题 5 的执行结果

6. 解：构造哈夫曼树和哈夫曼编码的原理参见《教程》中的 6.7 节。对应的实验程序 Exp2-6.py 如下：

```
import heapq                                   #导入优先队列模块
class HTNode:                                  #哈夫曼树结点类
    def __init__(self,d=" ",w=None):           #构造方法
        self.data=d                            #结点值
        self.weight=w                          #权值
        self.parent=-1                         #指向双亲结点
        self.lchild=-1                         #指向左孩子结点
        self.rchild=-1                         #指向右孩子结点
        self.flag=True                         #标识是双亲的左(True)或者右(False)孩子

def CreateHT():                                #构造哈夫曼树
    global ht,n0,D,W                           #全局列表,存放哈夫曼树
    ht=[None]*(2*n0-1)                         #初始为含 2n0-1 个空结点
    heap=[]                                    #优先队列元素为[w,i],按 w 权值建立小根堆
    for i in range(n0):                        #i 从 0 到 n0-1 循环建立 n0 个叶子结点并进队
        ht[i]=HTNode(D[i],W[i])                #建立一个叶子结点
        heapq.heappush(heap,[W[i],i])          #将[W[i],i]进队
    for i in range(n0,2*n0-1):                 #i 从 n0 到 2n0-2 循环做 n0-1 次合并操作
        p1=heapq.heappop(heap)                 #出队两个权值最小的结点 p1 和 p2
        p2=heapq.heappop(heap)
        ht[i]=HTNode()                         #新建 ht[i]结点
        ht[i].weight=ht[p1[1]].weight+ht[p2[1]].weight     #求权值和
        ht[p1[1]].parent=i                     #设置 p1 的双亲为 ht[i]
        ht[i].lchild=p1[1]                     #将 p1 作为双亲 ht[i]的左孩子
        ht[p1[1]].flag=True
        ht[p2[1]].parent=i                     #设置 p2 的双亲为 ht[i]
        ht[i].rchild=p2[1]                     #将 p2 作为双亲 ht[i]的右孩子
        ht[p2[1]].flag=False
        heapq.heappush(heap,[ht[i].weight,i])  #将新结点 ht[i]进队
```

```python
def DispHT():                                           ♯输出哈夫曼树
    global n0,ht
    print("     i     ",end=' ')
    for i in range(2*n0-1):
        print("%3d" %(i),end=' ')
    print()
    print("    D[i]   ",end=' ')
    for i in range(2*n0-1):
        print("%3s" %(ht[i].data),end=' ')
    print()
    print("    W[i]   ",end=' ')
    for i in range(2*n0-1):
        print("%3g" %(ht[i].weight),end=' ')
    print()
    print("   parent ",end=' ')
    for i in range(2*n0-1):
        print("%3d" %(ht[i].parent),end=' ')
    print()
    print("   lchild ",end=' ')
    for i in range(2*n0-1):
        print("%3d" %(ht[i].lchild),end=' ')
    print()
    print("   rchild ",end=' ')
    for i in range(2*n0-1):
        print("%3d" %(ht[i].rchild),end=' ')
    print()

def CreateHCode():                                      ♯根据哈夫曼树求哈夫曼编码
    global n0,ht,hcd                                    ♯全局列表,hcd存放哈夫曼编码
    hcd=[]
    for i in range(n0):                                 ♯遍历下标从0到n0-1的叶子结点
        code=[]
        j=i                                             ♯从ht[i]开始找双亲结点
        while ht[j].parent!=-1:
            if ht[j].flag:                              ♯ht[j]结点是双亲的左孩子
                code.append("0")
            else:                                       ♯ht[j]结点是双亲的右孩子
                code.append("1")
            j=ht[j].parent
        code.reverse()
        hcd.append(''.join(code))                       ♯将code转换为字符串并添加到hcd中

def DispHCode():                                        ♯输出哈夫曼编码
    global hcd
    for i in range(len(hcd)):
        print("    "+ht[i].data+": "+hcd[i])

if __name__ == '__main__':
    n0=8                                                ♯编码的字符个数
    D=['a','b','c','d','e','f','g','h']                 ♯字符列表
    W=[7,19,2,6,32,3,21,10]                             ♯权值列表
    print()
```

```
        print("  (1)建立哈夫曼树")
        CreateHT()
        print("  (2)输出哈夫曼树")
        DispHT()
        print("  (3)建立哈夫曼编码")
        CreateHCode()
        print("  (4)输出哈夫曼编码")
        DispHCode()
```

上述程序的执行结果如图 2.49 所示。

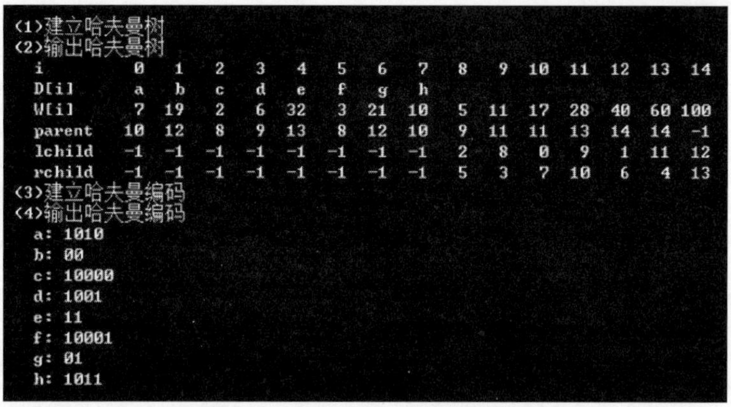

```
<1>建立哈夫曼树
<2>输出哈夫曼树
  i       0   1   2   3   4   5   6   7   8   9  10  11  12  13  14
  D[i]    a   b   c   d   e   f   g   h
  W[i]    7  19   2   6  32   3  21  10   5  11  17  28  40  60 100
  parent 10  12   8   9  13   8  12  10   9  11  11  13  14  14  -1
  lchild -1  -1  -1  -1  -1  -1  -1  -1   2   8   0   9   1  11  12
  rchild -1  -1  -1  -1  -1  -1  -1  -1   5   7  10   6   4  13
<3>建立哈夫曼编码
<4>输出哈夫曼编码
  a: 1010
  b: 00
  c: 10000
  d: 1001
  e: 11
  f: 10001
  g: 01
  h: 1011
```

图 2.49　第 6 章应用实验题 6 的执行结果

2.7　第 7 章　图

说明：本节所有上机实验题的程序文件位于 ch7 文件夹中。

2.7.1　基础实验题

1. 编写一个图的实验程序，设计邻接表类 AdjGraph 和邻接矩阵类 MatGraph，由带权有向图的边数组 a 创建邻接表 G，由 G 转换为邻接矩阵 g，再由 g 转换为邻接表 $G1$，输出 G、g 和 $G1$，用相关数据进行测试。

2. 编写一个图的实验程序，给定一个连通图，采用邻接表 G 存储，输出根结点为 0 的一棵深度优先生成树和一棵广度优先生成树，用相关数据进行测试。

2.7.2　基础实验题参考答案

1. 解：图的邻接表和邻接矩阵存储结构相关原理参见《教程》7.2 节。对应的实验程序 Exp1-1.py 如下：

```
import copy
MAXV=100                                    #表示最多顶点个数
INF=0x3f3f3f3f                              #表示∞
class ArcNode:                              #边结点类
```

```python
        def __init__(self,adjv,w):                    #构造方法
            self.adjvex=adjv                          #邻接点
            self.weight=w                             #边的权值

    class AdjGraph:                                   #图邻接表类
        def __init__(self,n=0,e=0):                   #构造方法
            self.adjlist=[]                           #邻接表数组
            self.vexs=[]                              #存放顶点信息,暂时未用
            self.n=n                                  #顶点数
            self.e=e                                  #边数

        def CreateAdjGraph(self,a,n,e):               #通过数组 a、n 和 e 建立图的邻接表
            self.n=n                                  #置顶点数和边数
            self.e=e
            for i in range(n):                        #检查边数组 a 中的每个元素
                adi=[]                                #存放顶点 i 的邻接点
                for j in range(n):
                    if a[i][j]!=0 and a[i][j]!=INF:   #存在一条边
                        p=ArcNode(j,a[i][j])          #创建<j,a[i][j]>出边的结点 p
                        adi.append(p)                 #将结点 p 添加到 adi 中
                self.adjlist.append(adi)

        def DispAdjGraph(self):                       #输出图的邻接表
            for i in range(self.n):                   #遍历每一个顶点 i
                print("  [%d]" %(i),end='')
                for p in self.adjlist[i]:
                    print("->(%d,%d)" %(p.adjvex,p.weight),end='')
                print("->∧")

    class MatGraph:                                   #图邻接矩阵类
        def __init__(self,n=0,e=0):                   #构造方法
            self.edges=[]                             #邻接矩阵数组
            self.vexs=[]                              #存放顶点信息,暂时未用
            self.n=n                                  #顶点数
            self.e=e                                  #边数

        def CreateMatGraph(self,a,n,e):               #通过数组 a、n 和 e 建立图的邻接矩阵
            self.n=n                                  #置顶点数和边数
            self.e=e
            self.edges=copy.deepcopy(a)               #深拷贝

        def DispMatGraph(self):                       #输出图
            for i in range(self.n):
                for j in range(self.n):
                    if self.edges[i][j]==INF:
                        print("%4s"%("∞"),end=' ')
                    else:
                        print("%5d" %(self.edges[i][j]),end=' ')
                print()

    def MatToAdj(g):                                  #由图的邻接矩阵转换为邻接表
        G=AdjGraph(g.n,g.e)
        for i in range(g.n):                          #检查数组 g.edges 中的每个元素
```

```python
            adi=[]                                      # 存放顶点 i 的邻接点
            for j in range(g.n):
                if g.edges[i][j]!=0 and g.edges[i][j]!=INF:   # 存在一条边
                    p=ArcNode(j,g.edges[i][j])          # 创建<j,g.edges[i][j]>出边的结点 p
                    adi.append(p)                       # 将结点 p 添加到 adi 中
            G.adjlist.append(adi)
        return G

    def AdjToMat(G):                                    # 由图的邻接表转换为邻接矩阵
        g=MatGraph(G.n,G.e)
        g.edges=[[INF] * g.n for i in range(g.n)]
        for i in range(g.n):
            g.edges[i][i]=0                             # 对角线置为 0
        for i in range(g.n):
            for p in G.adjlist[i]:
                g.edges[i][p.adjvex]=p.weight
        return g

if __name__ == '__main__':
    G=AdjGraph()
    n,e=5,5
    a=[ [0,8,INF,5,INF],[INF,0,3,INF,INF],[INF,INF,0,INF,6],
        [INF,INF,9,0,INF],[INF,INF,INF,INF,0]]
    print()
    print(" (1)由 a 创建邻接表 G")
    G.CreateAdjGraph(a,n,e)
    print("   G:")
    G.DispAdjGraph()
    print(" (2)G—>g")
    g=AdjToMat(G)
    print("   g:")
    g.DispMatGraph()
    print(" (3)g—>G1")
    G1=MatToAdj(g)
    print("   G1:")
    G1.DispAdjGraph()
```

上述程序的执行结果如图 2.50 所示。

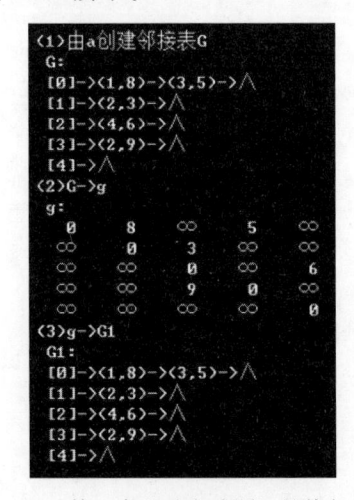

图 2.50　第 7 章基础实验题 1 的执行结果

2. 解：图的深度优先生成树和广度优先生成树相关原理参见《教程》中的 7.5 节。对应的实验程序 Exp1-2.py 如下：

```python
from AdjGraph import AdjGraph,MAXV,INF        #引用邻接表存储结构
from collections import deque                 #引用双端队列 deque

def DFSTree(G,v):                             #邻接表 G 中从顶点 v 出发的深度优先遍历
    global visited
    global T1
    visited[v]=1                              #置已访问标记
    for j in range(len(G.adjlist[v])):        #处理顶点 v 的所有出边顶点 j
        w=G.adjlist[v][j].adjvex              #取顶点 v 的一个相邻点 w
        if visited[w]==0:
            T1.append([v,w])                  #产生深度优先生成树的一条边
            DFSTree(G,w)                      #若 w 顶点未访问,递归访问它

def BFSTree(G,v):                             #邻接表 G 中从顶点 v 出发的广度优先遍历
    global T2
    qu=deque()                                #将双端队列作为普通队列 qu
    visited[v]=1                              #置已访问标记
    qu.append(v)                              #v 进队
    while len(qu)>0:                          #队不空时循环
        v=qu.popleft()                        #出队顶点 v
        for j in range(len(G.adjlist[v])):    #处理顶点 v 的第 j 个相邻点
            w=G.adjlist[v][j].adjvex          #取第 j 个相邻顶点 w
            if visited[w]==0:                 #若 w 未访问
                T2.append([v,w])              #产生广度优先生成树的一条边
                visited[w]=1                  #置已访问标记
                qu.append(w)                  #w 进队

if __name__ == '__main__':
    G=AdjGraph()
    n,e=10,12
    a=[ [0,1,1,1,0,0,0,0,0,0],[1,0,0,0,1,1,0,0,0,0],[1,0,0,1,0,1,1,0,0,0],
        [1,0,1,0,0,0,0,1,0,0],[0,1,0,0,0,0,0,0,0,0],[0,1,1,0,0,0,0,0,0,0],
        [0,0,1,0,0,0,0,1,1,1],[0,0,0,1,0,0,1,0,0,0],[0,0,0,0,0,0,1,0,0,0],
        [0,0,0,0,0,0,1,0,0,0] ]
    print()
    print(" (1)由 a 创建邻接表 G")
    G.CreateAdjGraph(a,n,e)
    print("   G:")
    G.DispAdjGraph()
    print(" (2)DFSTree 构造深度优先生成树 T1")
    T1=[]                                     #存放一棵深度优先生成树
    visited=[0]*MAXV
    DFSTree(G,0)
    print("   T1:",T1)
    print(" (3)BFSTree 构造广度优先生成树 T2")
    T2=[]                                     #存放一棵广度优先生成树
    visited=[0]*MAXV
    BFSTree(G,0)
    print("   T2:",T2)
```

上述程序的执行结果如图 2.51 所示。

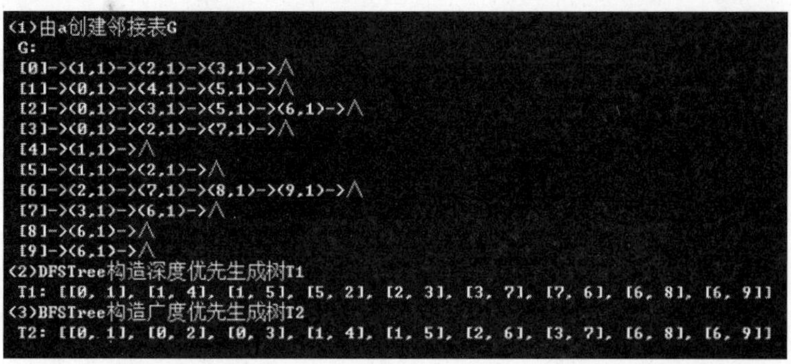

```
<1>由a创建邻接表G
G:
 [0]->(1,1)->(2,1)->(3,1)->∧
 [1]->(0,1)->(4,1)->(5,1)->∧
 [2]->(0,1)->(3,1)->(5,1)->(6,1)->∧
 [3]->(0,1)->(2,1)->(7,1)->∧
 [4]->(1,1)->∧
 [5]->(1,1)->(2,1)->∧
 [6]->(2,1)->(7,1)->(8,1)->(9,1)->∧
 [7]->(3,1)->(6,1)->∧
 [8]->(6,1)->∧
 [9]->(6,1)->∧
<2>DFSTree构造深度优先生成树T1
T1: [[0, 1], [1, 4], [1, 5], [5, 2], [2, 3], [3, 7], [7, 6], [6, 8], [6, 9]]
<3>BFSTree构造广度优先生成树T2
T2: [[0, 1], [0, 2], [0, 3], [1, 4], [1, 5], [2, 6], [3, 7], [6, 8], [6, 9]]
```

图 2.51 第 7 章基础实验题 2 的执行结果

2.7.3 应用实验题

1. 有一个文本文件 gin.txt 存放一个带权无向图的数据,第一行为 n 和 e,分别为顶点个数和边数,接下来的 e 行每行为 u、v、w,表示顶点 u 到 v 的边的权值为 w,例如以下数据表示如图 2.52 所示的图(任意两个整数之间用空格分隔):

```
6 8
0 1 2
0 2 2
0 3 5
1 3 1
2 3 6
3 4 5
3 5 2
4 5 1
```

编写一个实验程序,利用文件 gin.txt 中的图求出顶点 0 到顶点 4 的所有路径及其路径长度。

2. 编写一个实验程序,利用文件 gin.txt 中的图求出顶点 0 到顶点 5 的经过边数最少的一条路径及其路径长度。

3. 编写一个实验程序,利用文件 gin.txt 中的图采用 Prim 算法求出以顶点 0 为起始顶点的一棵最小生成树。

4. 编写一个实验程序,利用文件 gin.txt 中的图采用 Kruskal 算法求出一棵最小生成树。

5. 编写一个实验程序,利用文件 gin.txt 中的图求出以顶点 0 为源点的所有单源最短路径及其长度。

6. 编写一个实验程序,利用文件 gin.txt 中的图求出所有两个顶点之间的最短路径及其长度。

7. 有一片大小为 $m \times n (m,n \leqslant 100)$ 的森林,其中有若干群猴子,数字 0 表示树,1 表示猴子,凡是由 0 或者矩形围起来的区域表示有一个猴群在这一带。编写一个实验程序,求一共有多少个猴群及每个猴群的数量。森林用二维数组 g 表示,要求按递增顺序输出猴群的数量,并用相关数据进行测试。

8. 最优配餐问题。栋栋最近开了一家餐饮连锁店,提供外卖服务,随着连锁店越来越多，怎么合理地给客户送餐成为一个急需解决的问题。

栋栋的连锁店所在的区域可以看成是一个 $n \times n$ 的方格图（如图 2.53 所示），方格的格点上的位置上可能包含栋栋的分店（用■标注）或者客户（用▲标注），有一些格点是不能经过的（用×标注）。

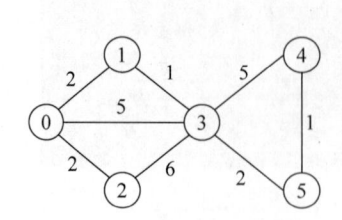

图 2.52　一个带权无向图　　　　图 2.53　一个方格图

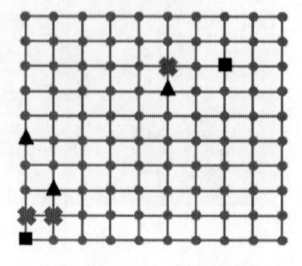

方格图中的线表示可以行走的道路，相邻两个格点的距离为 1。栋栋要送餐必须走可以行走的道路，而且不能经过红色标注的点。

送餐的主要成本体现在路上所花的时间，每份餐每走一个单位的距离需要花费一元钱。每个客户的需求都可以由栋栋的任意分店配送，每个分店没有配送总量的限制。

现在有栋栋的客户的需求，请问在最优的送餐方式下送这些餐需要花费多大的成本？

输入格式：输入的第一行包含 4 个整数 n、m、k、d，分别表示方格图的大小、栋栋的分店数量、客户的数量，以及不能经过的点的数量；接下来 m 行，每行两个整数 x_i、y_i，表示栋栋的一个分店在方格图中的横坐标和纵坐标；接下来 k 行，每行 3 个整数 x_i、y_i、c_i，分别表示每个客户在方格图中的横坐标、纵坐标和订餐的量（注意，可能有多个客户在方格图中的同一个位置）；接下来 d 行，每行两个整数，分别表示每个不能经过的点的横坐标和纵坐标。

输出格式：输出一个整数，表示最优送餐方式下所需要花费的成本。

样例输入：

```
10 2 3 3
1 1          //第 1 个分店位置
8 8          //第 2 个分店位置
1 5 1        //第 1 个客户位置和订餐量
2 3 3        //第 2 个客户位置和订餐量
6 7 2        //第 3 个客户位置和订餐量
1 2          //第 1 个不能走的位置
2 2          //第 2 个不能走的位置
6 8          //第 3 个不能走的位置
```

样例输出：

```
29
```

2.7.4　应用实验题参考答案

1. 解：这里采用邻接矩阵存储图，设计 MatGraph 类用于读取 gin.txt 文件并创建图的存储结构。对应的 ExpMatGraph.py 程序文件如下：

```
MAXV=100                                              # 表示最多顶点个数
INF=0x3f3f3f3f                                        # 表示∞
visited=[0]*MAXV                                      # 全局访问标志数组
class MatGraph:                                       # 图邻接矩阵类
    def __init__(self,n=0,e=0):                       # 构造方法
        self.n=n                                      # 顶点数
        self.e=e                                      # 边数
        self.edges=[[INF]*MAXV for i in range(MAXV)]  # 邻接矩阵数组
        for i in range(MAXV):
            self.edges[i][i]=0                        # 主对角线元素置为0

    def CreateMatGraph(self):                         # 通过文件数据建立图的邻接矩阵
        f=open("gin.txt","r")
        tmp=f.readline().split()                      # 读取第一行
        self.n=int(tmp[0])
        self.e=int(tmp[1])
        while True:                                   # 读取其他行
            tmp=f.readline().split()
            if not tmp: break                         # 读取完毕退出循环
            i,j,w=int(tmp[0]),int(tmp[1]),int(tmp[2])
            self.edges[i][j]=w                        # 建立无向图的一条边
            self.edges[j][i]=w
        f.close()

    def DispMatGraph(self):                           # 输出图
        for i in range(self.n):
            for j in range(self.n):
                if self.edges[i][j]==INF:
                    print("%4s"%("∞"),end=' ')
                else:
                    print("%5d"%(self.edges[i][j]),end=' ')
            print()
```

采用带回溯的深度优先遍历方法求解,设计思路参见《教程》中的例7.7。对应的实验程序 Exp2-1.py 如下:

```
from ExpMatGraph import MatGraph,INF,MAXV
cnt=0                                                 # 路径条数
visited=[0]*MAXV                                      # 全局访问标志数组
def FindallPath(g,u,v):                               # 求u到v的所有简单路径
    path=[-1]*MAXV
    d=-1
    sum=0                                             # Path[0..d]存放一条路径
                                                      # 存放路径长度
    for i in range(g.n): visited[i]=0                 # 初始化
    FindallPath1(g,u,v,path,d,sum)

def FindallPath1(g,u,v,path,d,sum):                   # 被FindallPath()调用
    global cnt
    visited[u]=1
    d+=1; path[d]=u                                   # 顶点u加入路径中
    if u==v:                                          # 找到一条路径后输出
```

```
            cnt+=1
            print("    第%d 条路径:" %(cnt),end=' ')
            for i in range(d+1):
                print(path[i],end=' ')
            print("\t 长度:",sum)                              #输出一条路径
        for w in range(g.n):                                  #处理顶点 u 的所有出边
            if g.edges[u][w]!=0 and g.edges[u][w]!=INF:
                if visited[w]==0:                             #w 没有访问过
                    FindallPath1(g,w,v,path,d,sum+g.edges[u][w])   #递归调用
        visited[u]=0                                          #回溯,重置 visited[u]为 0

#主程序
g=MatGraph()
g.CreateMatGraph()
print()
print("  图 g:")
g.DispMatGraph()
u,v=0,4
print("  %d 到%d 的所有路径:" %(u,v))
FindallPath(g,u,v)
```

上述程序的执行结果如图 2.54 所示。

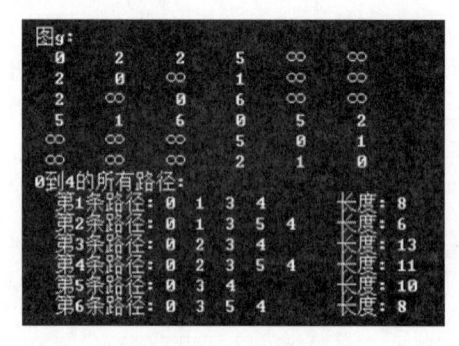

图 2.54 第 7 章应用实验题 1 的执行结果

2. 解：采用广度优先遍历方法求解,设计思路参见《教程》中的例 7.9。对应的实验程序 Exp2-2.py 如下：

```
from ExpMatGraph import MatGraph,INF,MAXV
from collections import deque
visited=[0]*MAXV                                    #全局访问标志数组
class QNode:                                        #队列元素类
    def __init__(self,p,pre):                       #构造方法
        self.vno=p                                  #当前顶点的编号
        self.pre=pre                                #当前结点的前驱结点

def ShortPath(G,u,v):                               #求 u 到 v 的一条最短简单路径
    res=[]                                          #存放结果
    qu=deque()                                      #定义一个队列 qu
    qu.append(QNode(u,None))                        #起始结点 u(前驱为 None)进队
    visited[u]=1                                    #置已访问标记
    while len(qu)>0:                                #队不空时循环
```

```
            p=qu.popleft()                          #出队一个结点
            if p.vno==v:                            #当前结点 p 为 v 结点
                res.append(v)
                q=p.pre                             #q 为前驱结点
                while q!=None:                      #找到起始结点为止
                    res.append(q.vno)
                    q=q.pre
                res.reverse()                       #逆置 res 构成正向路径
                return res
            for w in range(g.n):
                if g.edges[p.vno][w]!=0 and g.edges[p.vno][w]!=INF:
                    if visited[w]==0:               #存在边<v,w>并且 w 未访问
                        qu.append(QNode(w,p))       #置其前驱结点为 p
                        visited[w]=1                #置已访问标记

#主程序
g=MatGraph()
g.CreateMatGraph()
print()
print("    图 g:")
g.DispMatGraph()
u,v=0,5
print("    %d 到%d 的经过边最少的路径:" %(u,v),end=' ')
print(ShortPath(g,u,v))
```

上述程序的执行结果如图 2.55 所示。

3. 解：采用 Prim 算法直接求解,设计思路参见《教程》中的 7.5.2 节。对应的实验程序 Exp2-3.py 如下：

```
from ExpMatGraph import MatGraph,INF,MAXV
def Prim(g,v):                                      #求最小生成树
    lowcost=[0]*MAXV                                #建立数组 lowcost
    closest=[0]*MAXV                                #建立数组 closest
    sum=0                                           #存放权值和
    for i in range(g.n):                            #给 lowcost[]和 closest[]置初值
        lowcost[i]=g.edges[v][i]
        closest[i]=v
    for i in range(1,g.n):                          #找出最小生成树的 n-1 条边
        min=INF
        k=-1
        for j in range(g.n):                        #在(V-U)中找出离 U 最近的顶点 k
            if lowcost[j]!=0 and lowcost[j]<min:
                min=lowcost[j]
                k=j                                 #k 记录最小顶点的编号
        print("    (%d,%d): %d" %(closest[k],k,+min))    #输出最小生成树的边
        sum+=min                                    #累计权值和
        lowcost[k]=0                                #将顶点 k 加入 U 中
        for j in range(g.n):                        #修改数组 lowcost 和 closest
            if lowcost[j]!=0 and g.edges[k][j]<lowcost[j]:
                lowcost[j]=g.edges[k][j]
                closest[j]=k
    print("    所有边的取值和=%d" %(sum))
```

```
#主程序
g=MatGraph()
g.CreateMatGraph()
print()
print("    图g:")
g.DispMatGraph()
v=0
print("    求出的一棵最小生成树");
Prim(g,0)
```

上述程序的执行结果如图 2.56 所示。

图 2.55　第 7 章应用实验题 2 的执行结果　　　图 2.56　第 7 章应用实验题 3 的执行结果

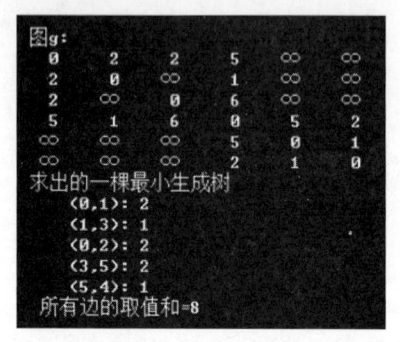

4. 解：采用基本的 Kruskal 算法求解，设计思路参见《教程》中的 7.5.3 节。对应的实验程序 Exp2-4.py 如下：

```
from ExpMatGraph import MatGraph,INF,MAXV
from operator import itemgetter,attrgetter
def Kruskal(g):                                  #求最小生成树
    vset=[-1]*MAXV                               #建立数组 vset
    sum=0                                        #存放权值和
    E=[]                                         #建立存放所有边的列表 E
    for i in range(g.n):                         #由邻接矩阵 g 产生的边集数组 E
        for j in range(i+1,g.n):                 #对于无向图仅考虑上三角部分的边
            if g.edges[i][j]!=0 and g.edges[i][j]!=INF:
                E.append([i,j,g.edges[i][j]])    #添加[i,j,w]元素
    E.sort(key=itemgetter(2))                    #按权值递增排序
    for i in range(g.n):vset[i]=i                #初始化辅助数组
    cnt=1                                        #cnt 表示当前构造生成树的第几条边,初值为 1
    j=0                                          #取 E 中边的下标,初值为 0
    while cnt<g.n:                               #生成的边数小于 n 时循环
        u1,v1=E[j][0],E[j][1]                    #取一条边的头、尾顶点
        sn1=vset[u1]
        sn2=vset[v1]                             #分别得到两个顶点所属的集合编号
        if sn1!=sn2:                             #两顶点属于不同的集合,加入不会构成回路
            print("  (%d,%d):%d" %(u1,v1,E[j][2]))    #输出最小生成树的边
            sum+=E[j][2]                         #累计权值和
            cnt+=1                               #生成边数增 1
            for i in range(g.n):                 #两个集合统一编号
                if vset[i]==sn2:                 #集合编号为 sn2 的改为 sn1
```

```
            vset[i]=sn1
        j+=1                            #继续取 E 的下一条边
    print("   所有边的取值和=%d" %(sum))

#主程序
g=MatGraph()
g.CreateMatGraph()
print()
print("  图 g:")
g.DispMatGraph()
v=0
print("  求出的一棵最小生成树");
Kruskal(g)
```

上述程序的执行结果如图 2.57 所示。

```
图g:
    0    2    2    5   ∞   ∞
    2    0   ∞    1   ∞   ∞
    2   ∞    0    6   ∞   ∞
    5    1    6    0    5    2
   ∞   ∞   ∞    5    0    1
   ∞   ∞   ∞    2    1    0
求出的一棵最小生成树
(1,3):1
(4,5):1
(0,1):2
(0,2):2
(3,5):2
所有边的取值和=8
```

图 2.57　第 7 章应用实验题 4 的执行结果

5. 解：采用 Dijkstra 算法求解，设计思路参见《教程》中的 7.6.2 节。对应的实验程序 Exp2-5.py 如下：

```
from ExpMatGraph import MatGraph,INF,MAXV
def Dijkstra(g,v):                      #求从 v 到其他顶点的最短路径
    dist=[-1]*MAXV                      #建立 dist 数组
    path=[-1]*MAXV                      #建立 path 数组
    S=[0]*MAXV                          #建立 S 数组
    for i in range(g.n):
        dist[i]=g.edges[v][i]           #将最短路径长度初始化
        if g.edges[v][i]<INF:           #将最短路径初始化
            path[i]=v                   #v 到 i 有边,置路径上顶点 i 的前驱为 v
        else:
            path[i]=-1                  #v 到 i 没边时置路径上顶点 i 的前驱为-1
    S[v]=1                              #源点 v 放入 S 中
    u=-1
    for i in range(g.n-1):              #循环向 S 中添加 n-1 个顶点
        mindis=INF                      #mindis 置最小长度初值
        for j in range(g.n):            #选取不在 S 中且具有最小距离的顶点 u
            if S[j]==0 and dist[j]<mindis:
                u=j
                mindis=dist[j]
    S[u]=1                              #顶点 u 加入 S 中
    for j in range(g.n):                #修改不在 s 中的顶点的距离
```

```
                if S[j]==0:                                  #仅修改S中的顶点j
                    if g.edges[u][j]<INF and dist[u]+g.edges[u][j]<dist[j]:
                        dist[j]=dist[u]+g.edges[u][j]
                        path[j]=u
    DispAllPath(dist,path,S,v,g.n)                           #输出所有最短路径及长度

def DispAllPath(dist,path,S,v,n):                            #输出从顶点v出发的所有最短路径
    for i in range(n):                                       #循环输出从顶点v到i的路径
        if S[i]==1 and i!=v:
            apath=[]
            print("      从%d到%d最短路径长度：%d \t路径:" %(v,i,dist[i]),end=' ')
            apath.append(i)                                  #添加路径上的终点
            k=path[i];
            if k==-1:                                        #没有路径的情况
                print("无路径")
            else:                                            #存在路径时输出该路径
                while k!=v:
                    apath.append(k)                          #顶点k加入路径中
                    k=path[k]
                apath.append(v)                              #添加路径上的起点
                apath.reverse()                              #逆置apath
                print(apath)                                 #输出最短路径

#主程序
g=MatGraph()
g.CreateMatGraph()
print()
print("   图g:")
g.DispMatGraph()
v=0
print("   求解结果")
Dijkstra(g,v)
```

上述程序的执行结果如图2.58所示。

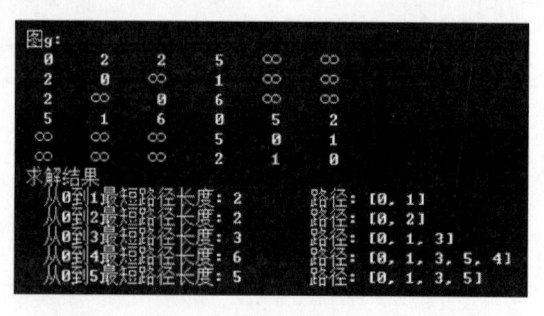

图2.58 第7章应用实验题5的执行结果

6. 解：采用Floyd算法求解，设计思路参见《教程》中的7.6.3节。对应的实验程序Exp2-6.py如下：

```
from ExpMatGraph import MatGraph,INF,MAXV
def Floyd(g):                                                #输出所有两个顶点之间的最短路径
    A=[[0]*MAXV for i in range(MAXV)]                        #建立A数组
    path=[[0]*MAXV for i in range(MAXV)]                     #建立path数组
    for i in range(g.n):                                     #给数组A和path置初值，即求A₋₁[i][j]
```

```
            for j in range(g.n):
                A[i][j]=g.edges[i][j]
                if i!=j and g.edges[i][j]< INF:
                    path[i][j]=i                    #i和j顶点之间有边时
                else:
                    path[i][j]=-1                   #i和j顶点之间没有边时
        for k in range(g.n):                        #求 A_k[i][j]
            for i in range(g.n):
                for j in range(g.n):
                    if A[i][j]> A[i][k]+A[k][j]:
                        A[i][j]=A[i][k]+A[k][j]
                        path[i][j]=path[k][j]       #修改最短路径
        Dispath(A,path,g)                           #生成最短路径和长度

    def Dispath(A,path,g):                          #输出所有的最短路径和长度
        for i in range(g.n):
            for j in range(g.n):
                if A[i][j]!=INF and i!=j:           #若顶点i和j之间存在路径
                    print("    顶点%d到%d的最短路径长度:%d\t路径:" %(i,j,A[i][j]),end='')
                    k=path[i][j]
                    apath=[j]                       #路径上添加终点
                    while k!=-1 and k!=i:           #路径上添加中间点
                        apath.append(k)             #顶点k加入路径中
                        k=path[i][k]
                    apath.append(i)                 #路径上添加起点
                    apath.reverse()                 #逆置
                    print(apath)                    #输出最短路径

#主程序
g=MatGraph()
g.CreateMatGraph()
print()
v=0
print("   求解结果")
Floyd(g)
```

上述程序的执行结果如图 2.59 所示。

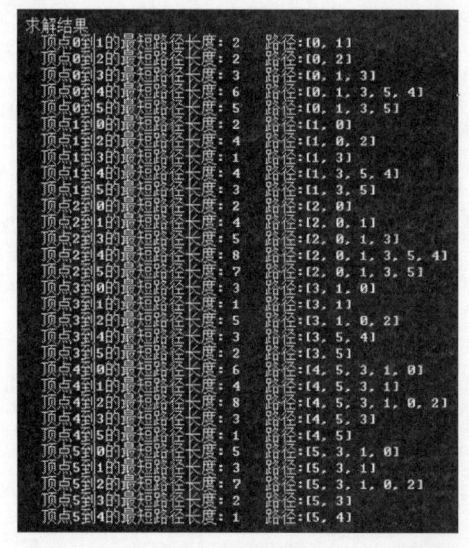

图 2.59　第 7 章应用实验题 6 的执行结果

7. 解: 从 $g[i][j]=1$ 的 (i,j) 位置出发遍历上、下、左、右 4 个方位为 1 的个数(面积),可以采用深度优先和广度优先遍历求解。对应的实验程序 Exp2-7.py 如下:

```python
from collections import deque           #引用双端队列 deque
MAXV=100
dx=[1,0,-1,0]                           #x 方向偏移量
dy=[0,1,0,-1]                           #y 方向偏移量
#解法1：采用深度优先遍历求解
def solve1(g):
    m=len(g)
    n=len(g[0])
    ans=[]
    for i in range(m):
        for j in range(n):
            if g[i][j]==1:
                area=dfs(g,m,n,i,j)     #求从(i,j)出发遍历的面积
                if area!=0:
                    ans.append(area)    #将面积添加到 ans 中
    return ans

def dfs(g,m,n,i,j):                     #从(i,j)位置出发深度优先遍历
    g[i][j]=-1
    area=1                              #(i,j)位置计入面积
    for k in range(4):                  #考虑上、下、左、右 4 个方位
        x=i+dx[k]
        y=j+dy[k]
        if x>=0 and x<m and y>=0 and y<n and g[x][y]==1:
            area+=dfs(g,m,n,x,y)        #累计面积
    return area

#解法2：采用广度优先遍历求解
def solve2(g):
    m=len(g)
    n=len(g[0])
    ans=[]
    for i in range(m):
        for j in range(n):
            if g[i][j]==1:
                area=bfs(g,m,n,i,j)     #求从(i,j)出发遍历的面积
                if area!=0:
                    ans.append(area)    #将面积添加到 ans 中
    return ans

def bfs(g,m,n,i,j):                     #从(i,j)位置出发广度优先遍历
    qu=deque()                          #将双端队列作为普通队列 qu
    g[i][j]=-1
    area=1                              #(i,j)位置计入面积
    qu.append([i,j])                    #(i,j)进队
    while len(qu)>0:                    #队不空时循环
        v=qu.popleft()                  #出队顶点 v
        for k in range(4):              #考虑上、下、左、右 4 个方位
            x=v[0]+dx[k]
            y=v[1]+dy[k]
```

```
                if x>=0 and x<m and y>=0 and y<n and g[x][y]==1:
                    area+=1                                    #累计面积
                    g[x][y]=-1                                 #置已访问标记
                    qu.append([x,y])
        return area

#主程序
g=[[0,1,1,1,1,0,0,0,1,1],
   [1,0,1,1,1,1,0,1,0,0],
   [1,0,1,1,0,0,1,1,1],
   [0,0,0,0,0,0,0,1,1]]
print()
print("  解法1(DFS)")
visited=[0]*MAXV
ans=solve1(g)
ans.sort()
print("     共有%d个猴群" %(len(ans)))
print("     各猴群的数量:",ans)
for i in range(len(g)):                                        #恢复g
    for j in range(len(g[0])):
        if g[i][j]==-1: g[i][j]=1
print("  解法2(BFS)")
visited=[0]*MAXV
ans=solve2(g)
ans.sort()
print("     共有%d个猴群" %(len(ans)))
print("     各猴群的数量:",ans)
```

上述程序的执行结果如图 2.60 所示。

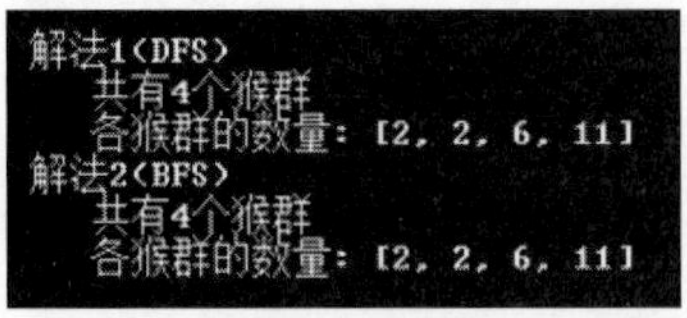

图 2.60　第 7 章应用实验题 7 的执行结果

8. 解：采用广度优先遍历从分店搜索客户(从一个分店出发可以给多个客户送餐)，用 ans 存放所需要花费的成本(初始为 0)。先将所有分店进队(每个分店看成一个搜索点)，再出队一个搜索点，找到所有相邻可走的搜索点并进队。若搜索点是客户，计算花费的成本并累加到 ans 中。

简单地说，采用多个初始搜索点(分店)同步搜索的广度优先遍历，由于是同步操作，最先找到的客户的送餐成本一定是最小的。一旦找到一个新搜索点(含客户)，将其看作一个分店继续搜索。处理不能经过的点十分简单，仅将对应位置的访问标记数组 vis 的元素值置为 1 即可。

对应的实验程序 Exp2-8.py 如下：

```
from collections import deque      #引用双端队列 deque
dx=[1,0,-1,0]                      #x方向偏移量
dy=[0,1,0,-1]                      #y方向偏移量
```

```python
qu=deque()                              # 将双端队列作为普通队列 qu
class QNode:                            # 搜索点(队中元素)类型
    def __init__(self,x1,y1,d1=0):     # 构造方法
        self.x=x1
        self.y=y1
        self.dep=d1

def Init():                             # 初始化
    global n,k
    global A,vis,cost
    n,m,k,d=map(int,input().split())
    N=n+2                               # 位置编号从 1 开始到 N-1
    A=[[0]*N for i in range(N)]         # 方格图
    vis=[[0]*N for i in range(N)]       # 访问标记
    cost=[[0]*N for i in range(N)]      # (x,y)位置的订餐量
    for i in range(1,m+1):              # 输入分店
        x,y=map(int,input().split())
        e=QNode(x,y)
        qu.append(e)                    # 分店进队
        vis[x][y]=1                     # 分店不能重复访问
    for i in range(1,k+1):              # 输入客户位置和订餐量
        x,y,c=map(int,input().split())
        A[x][y]=1                       # 客户位置设置为 1
        cost[x][y]+=c                   # 累计相同位置的客户订餐量(一个位置可能
                                        # 有多个客户)
    for i in range(1,d+1):              # 输入不能走的位置
        x,y=map(int,input().split())
        vis[x][y]=1                     # 不能走的位置设置 vis 为 1

def BFS():                              # 求解算法
    global n,k,cnt,ans
    global A,vis,cost
    while qu:                           # 队不空时循环
        if cnt==k: return               # 订单处理完毕
        e=qu.popleft()                  # 出队元素 e
        sx,sy,d=e.x,e.y,e.dep
        for i in range(4):              # 找搜索点的相邻可走搜索点(ex,ey)
            ex=sx+dx[i]
            ey=sy+dy[i]
            if vis[ex][ey]==0 and ex>=1 and ex<=n and ey>=1 and ey<=n:
                vis[ex][ey]=1
                e1=QNode(ex,ey,d+1)
                qu.append(e1)           # 搜索点(ex,ey,d+1)进队
                if A[ex][ey]==1:        # 找到一个客户
                    ans+=e1.dep*cost[ex][ey]
                    cnt+=1              # 累计订单数
# 主程序
Init()                                  # 接收输入
ans=0                                   # 所需要花费的成本
cnt=0                                   # 处理的订单数
BFS()
print(ans)
```

2.8 第8章 查找

说明：本节所有上机实验题的程序文件位于 ch8 文件夹中。

2.8.1 基础实验题

1. 编写一个实验程序，对一个递增有序表进行折半查找，输出成功找到其中每个元素的查找序列，用相关数据进行测试。

2. 有一个含 25 个整数的查找表 R，其关键字序列为 (8,14,6,9,10,22,34,18,19,31, 40,38,54,66,46,71,78,68,80,85,100,94,88,96,87)。假设将 R 中的 25 个元素分为 5 块 ($b=5$)，每块中有 5 个元素 ($s=5$)，并且这样分块后满足分块有序性。编写一个实验程序，采用分块查找，建立对应的索引表，在查找索引表和对应块时均采用顺序查找法，给出 [6, 22,19,54,66,80,94,87] 中每个关键字的查找结果和关键字的比较次数。

3. 有一个整数序列，其中的整数可能重复。编写一个实验程序，以整数为关键字、出现次数为值建立一棵二叉排序树，包括按整数查找、删除和以括号表示串输出二叉排序树的运算，用相关数据进行测试。

2.8.2 基础实验题参考答案

1. 解：折半查找过程参见《教程》中的 8.2.2 节。对应的实验程序 Expl-1.py 如下：

```
def BinSearch(R,k):                    #折半查找非递归算法
    n=len(R)
    L=[]                               #存放查找序列
    low,high=0,n-1
    while low<=high:                   #当前区间非空时
        mid=(low+high)//2              #求查找区间的中间位置
        L.append(R[mid])
        if k==R[mid]:                  #查找成功返回其序号 mid
            return L
        if k<R[mid]:                   #继续在 R[low..mid-1] 中查找
            high=mid-1
        else:                          #k>R[mid]
            low=mid+1                  #继续在 R[mid+1..high] 中查找

#主程序
a=[1,2,3,4,5,6,7,8,9]
print()
print("   整数序列：",a)
for i in range(len(a)):
    L=BinSearch(a,a[i])
    print("   查找%d的查找序列:" %(a[i]),end='')
    print(L)
```

上述程序的执行结果如图 2.61 所示。

2. 解：分块查找过程参见《教程》中的 8.2.3 节。对应的实验程序 Expl-2.py 如下：

```
整数序列: [1, 2, 3, 4, 5, 6, 7, 8, 9]
查找1的查找序列:[5, 2, 1]
查找2的查找序列:[5, 2]
查找3的查找序列:[5, 2, 3]
查找4的查找序列:[5, 2, 3, 4]
查找5的查找序列:[5]
查找6的查找序列:[5, 7, 6]
查找7的查找序列:[5, 7]
查找8的查找序列:[5, 7, 8]
查找9的查找序列:[5, 7, 8, 9]
```

图 2.61　第 8 章基础实验题 1 的执行结果

```python
class IdxType:                                  #索引表类型
    def __init__(self,j=None,k=None):           #构造方法
        self.key=k                              #关键字(这里是对应块中的最大关键字)
        self.link=j                             #该索引块在数据表中的起始下标

def CreateI(R,I,b):                             #构造索引表 I[0..b-1]
    n=len(R)
    s=(n+b-1)//b;                               #每块的元素个数
    j=0
    jmax=R[j]
    for i in range(b):                          #构造 b 个块
        I[i]=IdxType(j)
        while j<=(i+1)*s-1 and j<=n-1:          #j遍历一个块,查找其中的最大关键字jmax
            if R[j]>jmax: jmax=R[j]
            j+=1
        I[i].key=jmax
        if j<=n-1:                              #j没有遍历完,jmax置为下一个块首元素关键字
            jmax=R[j]

def BlkSearch(R,I,b,k):                         #在 R[0..n-1]和索引表 I[0..b-1]中查找 k
    n=len(R)
    ans=0                                       #累计比较次数
    j=0
    ans+=1
    while j<b and k>I[j].key:                   #在索引表中顺序查找,找到块号为j的块
        j+=1
        ans+=1
    i=I[j].link                                 #求所在块的起始位置
    s=(n+b-1)/b                                 #求每块的元素个数 s
    if i==b-1:                                  #第i块是最后块,元素个数可能少于s
        s=n-s*(b-1)
    ans+=1
    while i<=I[j].link+s-1 and R[i]!=k:
        i+=1
        ans+=1
    return [i,ans]

#主程序
R=[8,14,6,9,10,22,34,18,19,31,40,38,54,66,46,71,78,68,80,85,100,94,88,96,87]
b=5
print()
print("    R:",R[0:15])
print("       ",R[16:])
```

```
I=[None]*b
CreateI(R,I,b)
print("   建立索引块：")
for i in range(b):
    print("   %d:[%d,%d]" %(i,I[i].key,I[i].link))
s=[6,22,19,54,66,80,94,87]
print("   查找")
for i in range(len(s)):
    k=s[i]
    ans=BlkSearch(R,I,b,k)
    print("       k=%d 的位置：%d\t 比较次数：%d" %(k,ans[0],ans[1]))
```

上述程序的执行结果如图 2.62 所示。

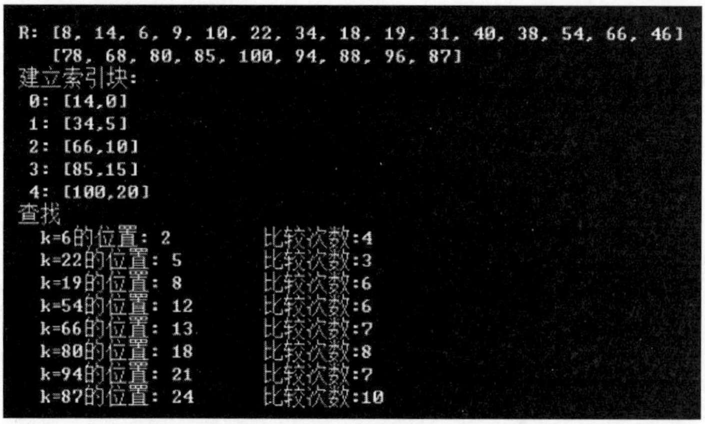

图 2.62 第 8 章基础实验题 2 的执行结果

3. 解：二叉排序树的创建、查找和删除过程参见《教程》中的 8.3.1 节。对应的实验程序 Exp1-3.py 如下：

```
class BSTNode:                                  #二叉排序树结点类
    def __init__(self,k,l=None,r=None):         #构造方法
        self.key=k                              #存放关键字，假设关键字为int类型
        self.data=1                             #存放数据项表示出现次数
        self.lchild=l                           #存放左孩子指针
        self.rchild=r                           #存放右孩子指针

class BSTClass:                                 #二叉排序树类
    def __init__(self):                         #构造方法
        self.r=None                             #二叉排序树的根结点
        self.f=None                             #用于存放待删除结点的双亲结点

    #二叉排序树的基本运算算法
    def InsertBST(self,k,d):                    #插入一个(k,d)结点
        self.r=self._InsertBST(self.r,k,d)
    def _InsertBST(self,p,k):                   #在以p为根的BST中插入关键字为k的结点
        if p==None:                             #原树为空，新插入的元素为根结点
            p=BSTNode(k)
        elif k<p.key:
```

```
            p.lchild=self._InsertBST(p.lchild,k)    #插入p的左子树中
        elif k>p.key:
            p.rchild=self._InsertBST(p.rchild,k)    #插入p的右子树中
        else:                                        #找到关键字为k的结点,修改data属性
            p.data+=1                                #出现次数增1
        return p

    def CreateBST(self,a):                           #由关键字序列a创建一棵二叉排序树
        self.r=BSTNode(a[0])                         #创建根结点
        for i in range(1,len(a)):                    #创建其他结点
            self._InsertBST(self.r,a[i])             #插入a[i]

    def SearchBST(self,k):                           #在二叉排序树中查找关键字为k的结点
        return self._SearchBST(self.r,k)             #r为二叉排序树的根结点
    def _SearchBST(self,p,k):                        #被SearchBST()方法调用
        if p==None: return None                      #空树返回None
        if p.key==k: return p                        #找到后返回p
        if k<p.key:
            return self._SearchBST(p.lchild,k)       #在左子树中递归查找
        else:
            return self._SearchBST(p.rchild,k)       #在右子树中递归查找

    def DeleteBST(self,k):                           #删除关键字为k的结点
        self.f=None
        return self._DeleteBST(self.r,k,-1)          #r为二叉排序树的根结点
    def _DeleteBST(self,p,k,flag):                   #被DeleteBST()方法调用
        if p==None:
            return False                             #空树返回False
        if p.key==k:
            return self.DeleteNode(p,self.f,flag)    #找到后删除p结点
        if k<p.key:
            self.f=p
            return self._DeleteBST(p.lchild,k,0)     #在左子树中递归查找
        else:
            self.f=p
            return self._DeleteBST(p.rchild,k,1)     #在右子树中递归查找
    def DeleteNode(self,p,f,flag):                   #删除结点p(其双亲为f)
        if p.rchild==None:                           #结点p只有左孩子(含p为叶子的情况)
            if flag==-1:                             #结点p的双亲为空(p为根结点)
                self.r=p.lchild                      #修改根结点r为p的左孩子
            elif flag==0:                            #p为双亲f的左孩子
                self.f.lchild=p.lchild               #将f的左孩子置为p的左孩子
            else:                                    #p为双亲f的右孩子
                self.f.rchild=p.lchild               #将f的右孩子置为p的左孩子
        elif p.lchild==None:                         #结点p只有右孩子
            if flag==-1:                             #结点p的双亲为空(p为根结点)
                self.r=p.rchild                      #修改根结点r为p的右孩子
            elif flag==0:                            #p为双亲f的左孩子
                self.f.lchild=p.rchild               #将f的左孩子置为p的左孩子
            else:                                    #p为双亲f的右孩子
                self.f.rchild=p.rchild               #将f的右孩子置为p的左孩子
        else:                                        #结点p有左、右孩子
            f1=p                                     #f1为结点q的双亲结点
```

```
            q=p.lchild                           # q 转向结点 p 的左孩子
            if q.rchild==None:                   # 若结点 q 没有右孩子
                p.key=q.key                      # 将被删结点 p 的值用 q 的值替代
                p.data=q.data
                p.lchild=q.lchild                # 删除结点 q
            else:                                # 若结点 q 有右孩子
                while q.rchild!=None:            # 找到最右下结点 q,其双亲结点为 f1
                    f1=q
                    q=q.rchild
                p.key=q.key                      # 将被删结点 p 的值用 q 的值替代
                p.data=q.data
                f1.rchild=q.lchild               # 删除结点 q
        return True

    def DispBST(self):                           # 输出二叉排序树的括号表示串
        self._DispBST(self.r)

    def _DispBST(self,p):                        # 被 DispBST()方法调用
        if p!=None:
            print("%d[%d]" %(p.key,p.data),end='')   # 输出根结点值
            if p.lchild!=None or p.rchild!=None:
                print("(",end='')                # 有孩子结点时才输出"("
                self._DispBST(p.lchild)          # 递归处理左子树
                if p.rchild!=None:
                    print(",",end='')            # 有右孩子结点时才输出","
                self._DispBST(p.rchild)          # 递归处理右子树
                print(")",end='')                # 有孩子结点时才输出")"

# 主程序
if __name__ == '__main__':
    a=[1,3,2,1,5,4,1,6,1,4,5]
    print()
    print("    a:",a)
    bt=BSTClass()
    print("  创建 BST")
    bt.CreateBST(a)
    print("  BST:",end=''); bt.DispBST(); print()
    k=1
    p=bt.SearchBST(k)
    print("  整数%d 出现次数:%d" %(k,p.data))
    k=1
    print("  删除整数%d" %(k))
    bt.DeleteBST(k)
    print("  BST:",end=''); bt.DispBST(); print()
```

上述程序的执行结果如图 2.63 所示。

```
a:  [1, 3, 2, 1, 5, 4, 1, 6, 1, 4, 5]
创建BST
BST: 1[4](,3[1](2[1],5[2](4[2],6[1])))
整数1出现次数: 4
删除整数1
BST: 3[1](2[1],5[2](4[2],6[1]))
```

图 2.63 第 8 章基础实验题 3 的执行结果

2.8.3 应用实验题

1. 对于给定的一个无序整数数组 a,求其中与 x 最接近的整数的位置,若有多个这样的整数,返回最后一个整数的位置,给出算法的时间复杂度,并用相关数据测试。

2. 对于给定的一个递增整数数组 a,求其中与 x 最接近的整数的位置,若有多个这样的整数,返回最后一个整数的位置,并用相关数据测试。

3. 有一个整数序列,其中存在相同的整数,创建一棵二叉排序树,按递增顺序输出所有不同整数的名次(第几小的整数,从 1 开始计)。例如,整数序列为(3,5,4,6,6,5,1,3),求解结果是 1 的名次为 1,3 的名次为 2,4 的名次为 4,5 的名次为 5,6 的名次为 7。

4. 小明要输入一个整数序列 $a_1, a_2, \cdots, a_n$ (所有整数均不相同),他在输入过程中随时要删除当前输入部分或者全部序列中的最大整数或者最小整数,为此小明设计了一个结构 S 和如下功能算法。

① insert(S, x):向结构 S 中添加一个整数 x。

② delmin(S):在结构 S 中删除最小整数。

③ delmax(S):在结构 S 中删除最大整数。

请帮助小明设计一个好的结构 S,尽可能在时间和空间两方面高效地实现上述算法,并给出各算法的时间复杂度。

2.8.4 应用实验题参考答案

1. 解:由于 a 是无序的,采用顺序查找方法,通过遍历 a,求 $a[i]$ 与 x 的最小绝对值差 d,用 res 保存这样的 i,若存在相同最小绝对值差的元素 $a[j]$,置 res$=j$。该算法的时间复杂度为 $O(n)$。对应的实验程序 Exp2-1.py 如下:

```
def closest(a,x):            #在无序序列 a 中查找最接近的元素的序号
    d=0x3f3f3f3f              #最大整数
    res=0
    for i in range(len(a)):
        if abs(a[i]-x)<=d:
            d=abs(a[i]-x)
            res=i
    return res

#主程序
a=[3,1,4,8,6,10,2,3]
print()
print("  整数序列:",a)
x=7
j=closest(a,x)
print("  最接近%d 的整数位置%d[%d]" %(x,j,a[j]))
x=3
j=closest(a,x)
print("  最接近%d 的整数位置%d[%d]" %(x,j,a[j]))
x=9
j=closest(a,x)
print("  最接近%d 的整数位置%d[%d]" %(x,j,a[j]))
```

上述程序的执行结果如图 2.64 所示。

```
整数序列: [3, 1, 4, 8, 6, 10, 2, 3]
最接近7的整数位置4[6]
最接近3的整数位置7[3]
最接近9的整数位置5[10]
```

图 2.64　第 8 章应用实验题 1 的执行结果

2. 解：由于 a 是递增有序的,可以采用《教程》中的 8.2.2 节的折半查找扩展算法 GOEk() 找到 x 的插入点 j,置 $i=j-1$,若 $a[j]$ 更接近 x(含距离相同的情况),返回 j,否则返回 i。该算法的时间复杂度为 $O(\log_2 n)$。对应的实验程序 Exp2-2.py 如下：

```python
def closest(a,x):                    # 在递增序列 a 中查找最接近的元素的序号
    n=len(a)
    if x<=a[0]:                      # x 小于或等于 a[0] 的情况
        return 0
    if x>=a[n-1]:                    # x 大于或等于 a[n-1] 的情况
        return n-1
    j=GOEk(a,x)                      # 求 a 中第一个大于或等于 x 的序号 j
    i=j-1                            # 求 j 的前一个序号 i
    if a[j]-x<=x-a[i]:               # a[j] 更接近 x(含距离相同的情况)
        return j
    else:                            # a[i] 更接近 x
        return i

def GOEk(R,k):                       # 查找第一个大于或等于 k 的序号,即 k 的插入点
    n=len(R)
    low,high=0,n-1
    while low<=high:                 # 当前区间非空时
        mid=(low+high)//2            # 求查找区间的中间位置
        if k<=R[mid]:                # 继续在 R[low..mid-1] 中查找
            high=mid-1
        else:                        # k>R[mid]
            low=mid+1                # 继续在 R[mid+1..high] 中查找
    return high+1                    # 返回 high+1

# 主程序
a=[1,4,6,10,16,20]
print()
print("  递增整数序列:",a)
x=0
j=closest(a,x)
print("  最接近%d的整数位置%d[%d]" %(x,j,a[j]))
x=5
j=closest(a,x)
print("  最接近%d的整数位置%d[%d]" %(x,j,a[j]))
x=13
j=closest(a,x)
print("  最接近%d的整数位置%d[%d]" %(x,j,a[j]))
x=25
j=closest(a,x)
print("  最接近%d的整数位置%d[%d]" %(x,j,a[j]))
```

上述程序的执行结果如图 2.65 所示。

3. 解：在二叉排序树的结点中增加 size 成员表示以这个结点为根的子树中的结点个数(包括自己)，增加 cnt 成员表示相同关键字的出现次数(把 key 相同的整数放在一个结点中)。采用《教程》中第 8 章的方法创建这样的二叉排序树 bt，例如由整数序列 (3,5,4,6,6,5,1,3) 创建的二叉排序树如图 2.66 所示，在结点旁边的 (x,y) 中，x 表示 size，y 表示 cnt。

图 2.65　第 8 章应用实验题 2 的执行结果　　　图 2.66　一棵二叉排序树

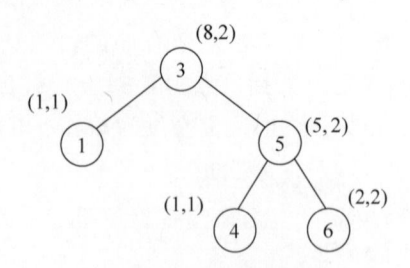

求二叉排序树中关键字 k 的名次，即树中小于或等于 k 的结点个数，这里是最小排名，若有多个关键字 k，返回第一个 k 的名次。在以结点 p 为根结点的子树中求关键字 k 的名次的过程如下：

① 若当前结点 p 的关键字等于 k，返回其左子树结点个数＋1(这里是最小排名，如果是最大排名，改为返回左子树结点个数＋1)。

② 若 k 小于结点 p 的关键字，说明结果在左子树中，返回在左子树中查找关键字 k 的名次的结果。

③ 若 k 大于结点 p 的关键字，说明结果在右子树中，则需要将右子树查找到的关键字 k 的结果加上左子树和根的名次。

对应的实验程序 Exp2-3.py 如下：

```python
class BSTNode:                              #二叉排序树结点类
    def __init__(self,k):                   #构造方法
        self.key=k                          #存放关键字，假设关键字为 int 类型
        self.size=1                         #以这个结点为根的子树中的结点个数
        self.cnt=1                          #相同关键字的出现次数
        self.lchild=None                    #存放左孩子指针
        self.rchild=None                    #存放右孩子指针

class BSTClass:                             #二叉排序树类
    def __init__(self):                     #构造方法
        self.r=None                         #二叉排序树的根结点

    def getsize(self,p):                    #求结点 p 的 size
        if p==None:
            return 0
        else:
            return p.size

    def InsertBST(self,k):                  #插入一个关键字为 k 的结点
        self._InsertBST(r,k)
```

```python
    def _InsertBST(self,p,k):                    # 在以 p 为根的 BST 中插入关键字为 k 的结点
        if p==None:                              # 原树为空,新插入的元素为根结点
            p=BSTNode(k)
        elif k==p.key:                           # 找到相同关键字时 cnt 增 1
            p.cnt+=1
        elif k<p.key:
            p.lchild=self._InsertBST(p.lchild,k) # 插入 p 的左子树中
        elif k>p.key:
            p.rchild=self._InsertBST(p.rchild,k) # 插入 p 的右子树中
        p.size=self.getsize(p.lchild)+self.getsize(p.rchild)+p.cnt  # 维护结点 p 的 size 值
        return p

    def CreateBST(self,a):                       # 由关键字序列 a 创建一棵二叉排序树
        self.r=BSTNode(a[0])                     # 创建根结点
        for i in range(1,len(a)):                # 创建其他结点
            self._InsertBST(self.r,a[i])         # 插入关键字 a[i]

    def Rank(self,k):                            # 求关键字 k 的名次
        return self._Rank(self.r,k)

    def _Rank(self,p,k):                         # 在结点 p 的子树中求关键字 k 的名次
        if p==None:
            return 0
        if k==p.key:                             # 找到关键字为 k 的结点
            return self.getsize(p.lchild)+1
        if k<p.key:
            return self._Rank(p.lchild,k)
        else:
            return self._Rank(p.rchild,k)+self.getsize(p.lchild)+p.cnt

    def DispBST(self):                           # 输出二叉排序树的括号表示串
        self._DispBST(self.r)

    def _DispBST(self,p):                        # 被 DispBST()方法调用
        if p!=None:
            print("%d[%d,%d]" %(p.key,p.size,p.cnt),end='')  # 输出根结点值
            if p.lchild!=None or p.rchild!=None:
                print("(",end='')               # 有孩子结点时才输出"("
                self._DispBST(p.lchild)         # 递归处理左子树
                if p.rchild!=None:
                    print(",",end='')           # 有右孩子结点时才输出","
                self._DispBST(p.rchild)         # 递归处理右子树
                print(")",end='')               # 有孩子结点时才输出")"

#主程序
if __name__ == '__main__':
    a=[3,5,4,6,6,5,1,3]
    bt=BSTClass()
    bt.CreateBST(a)
    print()
    print("  BST: ",end=''); bt.DispBST(); print()
    s=set(a)                                     # 采用集合去重
    print("  求解结果")
```

```
        for e in s:
            print("   %d 的名次是%d" %(e,bt.Rank(e)))
```

上述程序的执行结果如图 2.67 所示。

```
BST: 3[8,2]<1[1,1],5[5,2]<4[1,1],6[2,2]>>
求解结果
1的名次是1
3的名次是2
4的名次是4
5的名次是5
6的名次是7
```

图 2.67 第 8 章应用实验题 3 的执行结果

4. 解：采用一棵平衡二叉树 avl 存放输入的整数序列，最小整数为根结点的最左下结点，最大整数为根结点的最右下结点。这里采用《教程》中的例 8.13 设计的 AVLTree 类实现结构 S。对应的实验程序 Exp2-4.py 如下：

```
from AVL import AVLTree                  # 引用 AVL.py 文件中的 AVLTree
class Struction:                         # 类 Struction
    def __init__(self):                  # 构造方法
        self.avl=AVLTree()               # 存放输入的整数序列

    def insert(self,x):                  # 添加一个整数 x
        self.avl.insert(x,None)

    def delmin(self):                    # 删除最小整数
        p=self.avl.r                     # 从 avl 的根结点开始查找最小结点 p
        if p==None: return
        while p.lchild!=None:
            p=p.lchild
        k=p.key
        self.avl.delete(k)               # 删除 k

    def delmax(self):                    # 删除最大整数
        p=self.avl.r                     # 从 avl 的根结点开始查找最小结点 p
        if p==None: return
        while p.rchild!=None:
            p=p.rchild
        k=p.key
        self.avl.delete(k)               # 删除 k

    def disp(self):                      # 输出 S 中的所有元素
        res=self.avl.inorder()
        print("[ ",end='')
        for i in range(len(res)):
            print(res[i][0],end=' ')
        print("]")

def run():
    s=Struction()
    print()
    while True:
        sel=int(input("  操作:1—输入 2—删除最小元素 3—删除最大元素 0—退出 选择:"))
```

```
            if sel==0: break
        if sel==1:
            x=int(input("   x:"))
            s.insert(x)
            print("   **插入后: ",end=''); s.disp()
        elif sel==2:
            s.delmin()
            print("   **删除后: ",end=''); s.disp()
        elif sel==3:
            s.delmax()
            print("   **删除后: ",end=''); s.disp()
        else:
            print("   **操作错误")
    print()

#主程序
if __name__ == '__main__':
    run()
```

上述程序的执行结果如图 2.68 所示。

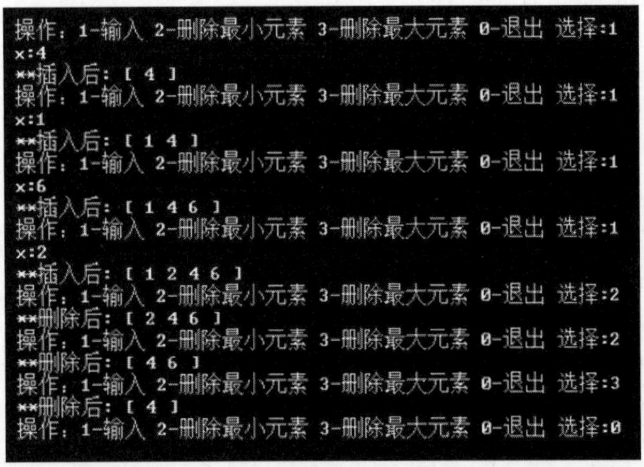

图 2.68　第 8 章应用实验题 4 的执行结果

2.9　第 9 章　排序

说明：本节所有上机实验题的程序文件位于 ch9 文件夹中。

2.9.1　基础实验题

1. 编写一个实验程序，采用快速排序完成一个整数序列的递增排序，要求输出每次划分的结果，并用相关数据进行测试。

2. 编写一个实验程序，采用堆排序完成一个整数序列的递增排序，输出每一趟排序的结果，并用相关数据进行测试。

3. 编写一个实验程序，采用自底向上的二路归并排序完成一个整数序列的递增排序，输出每一趟排序的结果,并用相关数据进行测试。

4. 编写一个实验程序,对于给定的一个十进制整数序列(369,367,167,239,237,138,230,139),采用最低位优先和最高位优先基数排序算法进行排序,给出各趟的排序结果,比较两者的最终结果,说明基数排序选择最低位优先还是最高位优先的原则。

5. 编写一个实验程序,对于给定的一个十进制整数序列(369,367,167,239,237,138,230,139),采用基数排序算法进行递减排序,给出各趟的排序结果。

2.9.2 基础实验题参考答案

1. 解:快速排序的过程参见《教程》中的 9.3.2 节,每次以 base 为基准划分的输出格式是"[左子序列] base [右子序列]"。对应的实验程序 Exp1-1.py 如下:

```python
def disp(R,s,t,i):                              #输出每一次划分的结果
    print("   ",end='')
    for j in range(s):
        print("   ",end='')
    print("[",end='')
    for j in range(s,i):
        print("%3d" %(R[j]),end='')
    print("] %d [" %(R[i]),end='')
    for j in range(i+1,t+1):
        print("%3d" %(R[j]),end='')
    print("]")

def Partition2(R,s,t):
    i,j=s,t
    base=R[s]                                   #以表首元素为基准
    while i!=j:                                 #从表两端交替向中间遍历,直到 i=j 为止
        while j>i and R[j]>=base:
            j-=1                                #从后向前遍历,找一个小于基准的 R[j]
        if j>i:
            R[i]=R[j]                           #R[j]前移覆盖 R[i]
            i+=1
        while i<j and R[i]<=base:
            i+=1                                #从前向后遍历,找一个大于基准的 R[i]
        if i<j:
            R[j]=R[i]                           #R[i]后移覆盖 R[j]
            j-=1
    R[i]=base                                   #基准归位
    return i                                    #返回归位的位置

def QuickSort(R):                               #对 R[0..n-1]的元素按递增进行快速排序
    QuickSort1(R,0,len(R)-1)
def QuickSort1(R,s,t):                          #对 R[s..t]的元素进行快速排序
    if s<t:                                     #表中至少存在两个元素的情况
        i=Partition2(R,s,t)
        disp(R,s,t,i)
        QuickSort1(R,s,i-1)                     #对左子表递归排序
        QuickSort1(R,i+1,t)                     #对右子表递归排序

#主程序
```

```
if __name__ == '__main__':
    R=[6,8,7,9,0,1,3,2,4,5]
    print()
    print("  初始序列",end='')
    print(R)
    print("  排序过程")
    QuickSort(R)
    print("  排序结果",end='')
    print(R)
```

上述程序的执行结果如图 2.69 所示。

```
初始序列 [6, 8, 7, 9, 0, 1, 3, 2, 4, 5]
排序过程
  [  5  4  2  3  0  1] 6 [  9  7  8]
  [  1  4  2  3  0] 5 []
  [  0] 1 [  2  3  4]
        [] 2 [  3  4]
           [] 3 [  4]
                        [  8  7] 9 []
                        [  7] 8 []
排序结果 [0, 1, 2, 3, 4, 5, 6, 7, 8, 9]
```

图 2.69　第 9 章基础实验题 1 的执行结果

2. 解：堆排序的过程参见《教程》中的 9.4.2 节。对应的实验程序 Exp1-2.py 如下：

```
def siftDown(R,low,high):                   #R[low..high]的自顶向下筛选
    i=low
    j=2*i+1                                 #R[j]是 R[i]的左孩子
    tmp=R[i]                                #tmp 临时保存根结点
    while j<=high:                          #只对 R[low..high]的元素进行筛选
        if j<high and R[j]<R[j+1]:
            j+=1                            #若右孩子较大,把 j 指向右孩子
        if tmp<R[j]:                        #tmp 的孩子较大
            R[i]=R[j]                       #将 R[j]调整到双亲位置上
            i,j=j,2*i+1                     #修改 i 值和 j 值,以便继续向下筛选
        else: break                         #若孩子较小,则筛选结束
    R[i]=tmp                                #原根结点放入最终位置

def HeapSort(R):                            #对 R[0..n-1]按递增进行堆排序
    n=len(R)
    for i in range(n//2-1,-1,-1):           #循环建立初始堆
        siftDown(R,i,n-1)                   #对 R[i..n-1]进行筛选
    print("      初始堆: ",R)
    for i in range(n-1,0,-1):               #进行 n-1 趟排序,每一趟排序的元素个数减 1
        R[0],R[i]=R[i],R[0]                 #将区间中的最后一个元素与 R[0]交换
        print("     i=%d:       " %(i),R)
        siftDown(R,0,i-1)                   #对 R[0..i-1]继续筛选

#主程序
if __name__ == '__main__':
    R=[6,8,7,9,0,1,3,2,4,5]
    print()
    print("  初始序列",end='    ')
    print(R)
```

```
print("  排序过程")
HeapSort(R)
print("  排序结果",end=' ')
print(R)
```

上述程序的执行结果如图 2.70 所示。

```
初始序列   [6, 8, 7, 9, 0, 1, 3, 2, 4, 5]
排序过程
    初始堆  [9, 8, 7, 6, 5, 1, 3, 2, 4, 0]
     i=9:  [0, 8, 7, 6, 5, 1, 3, 2, 4, 9]
     i=8:  [0, 6, 7, 4, 5, 1, 3, 2, 8, 9]
     i=7:  [2, 6, 3, 4, 5, 1, 0, 7, 8, 9]
     i=6:  [0, 5, 3, 4, 2, 1, 6, 7, 8, 9]
     i=5:  [1, 4, 3, 0, 2, 5, 6, 7, 8, 9]
     i=4:  [1, 2, 3, 0, 4, 5, 6, 7, 8, 9]
     i=3:  [0, 2, 1, 3, 4, 5, 6, 7, 8, 9]
     i=2:  [1, 0, 2, 3, 4, 5, 6, 7, 8, 9]
     i=1:  [0, 1, 2, 3, 4, 5, 6, 7, 8, 9]
排序结果   [0, 1, 2, 3, 4, 5, 6, 7, 8, 9]
```

图 2.70 第 9 章基础实验题 2 的执行结果

3. 解：自底向上的二路归并排序的过程参见《教程》中的 9.5.1 节。对应的实验程序 Exp1-3.py 如下：

```
def Merge(R,low,mid,high):              #R[low..mid]和 R[mid+1..high]归并为 R[low..high]
    R1=[None]*(high-low+1)              #分配临时归并空间 R1
    i,j,k=low,mid+1,0                   #k 是 R1 的下标,i、j 分别为第 1、2 段的下标
    while i<=mid and j<=high:           #在第 1 段和第 2 段均未扫描完时循环
        if R[i]<=R[j]:                  #将第 1 段中的元素放入 R1 中
            R1[k]=R[i]
            i,k=i+1,k+1
        else:                           #将第 2 段中的元素放入 R1 中
            R1[k]=R[j]
            j,k=j+1,k+1
    while i<=mid:                       #将第 1 段余下的部分复制到 R1
        R1[k]=R[i]
        i,k=i+1,k+1
    while j<=high:                      #将第 2 段余下的部分复制到 R1
        R1[k]=R[j]
        j,k=j+1,k+1
    R[low:high+1]=R1[0:high-low+1]

def MergePass(R,length):                #一趟二路归并排序
    n=len(R)
    i=0
    while i+2*length-1<n:               #归并 length 长的两个相邻子表
        Merge(R,i,i+length-1,i+2*length-1);
        i=i+2*length
    if i+length<n:                      #余下两个子表,后者的长度小于 length
        Merge(R,i,i+length-1,n-1);      #归并这两个子表

def MergeSort(R):                       #对 R[0..n-1]按递增进行二路归并
    length=1
    while length<len(R):                #进行 log2n(取上界)趟归并
```

```
        MergePass(R,length)
        print("    length=%d:" %(length),R)
        length=2*length

#主程序
if __name__ == '__main__':
    R=[6,8,7,9,0,1,3,2,4,5]
    print()
    print("  初始序列 ",end=' ')
    print(R)
    print("  排序过程")
    MergeSort(R)
    print("  排序结果 ",end=' ')
    print(R)
```

上述程序的执行结果如图 2.71 所示。

```
初始序列    [6, 8, 7, 9, 0, 1, 3, 2, 4, 5]
排序过程
    length=1: [6, 8, 7, 9, 0, 1, 2, 3, 4, 5]
    length=2: [6, 7, 8, 9, 0, 1, 2, 3, 4, 5]
    length=4: [0, 1, 2, 3, 6, 7, 8, 9, 4, 5]
    length=8: [0, 1, 2, 3, 4, 5, 6, 7, 8, 9]
排序结果    [0, 1, 2, 3, 4, 5, 6, 7, 8, 9]
```

图 2.71　第 9 章基础实验题 3 的执行结果

4. 解：基数排序的过程参见《教程》中的 9.6 节，采用带头结点的单链表存放排序表。对应的实验程序 Exp1-4.py 如下：

```
from LinkList import LinkList            #引用带头结点单链表类 LinkList
def geti(key,r,i):                       #求基数为 r 的正整数 key 的第 i 位
    k=0
    for j in range(i+1):
        k=key%r
        key=key//r
    return k

def RadixSort1(L,d,r):                   #最低位优先基数排序算法
    front=[None]*r                       #建立链队的队头数组
    rear=[None]*r                        #建立链队的队尾数组
    for i in range(d):                   #从低位到高位循环
        for j in range(r):               #初始化各链队的首、尾指针
            front[j]=rear[j]=None
        p=L.head.next                    #p 指向单链表 L 的首结点
        while p!=None:                   #分配：对于原链表中的每个结点循环
            k=geti(p.data,r,i)           #提取结点关键字的第 i 个位 k
            if front[k]==None:           #第 k 个链队空时，队头、队尾均指向 p 结点
                front[k]=p
                rear[k]=p
            else:                        #第 k 个链队非空时，p 结点进队
                rear[k].next=p
                rear[k]=p
            p=p.next                     #取下一个结点
        t=L.head                         #重新用 h 来收集所有结点
```

```
        for j in range(r):                          #收集:对于每一个链队循环
            if front[j]!=None:                      #若第j个链队是第一个非空链队
                t.next=front[j]
                t=rear[j]
        t.next=None                                 #尾结点的next置空
        print("      第%d位排序:" %(i),end='')
        L.display()
    return L

def RadixSort2(L,d,r):                              #最高位优先基数排序算法
    front=[None] * r                                #建立链队的队头数组
    rear=[None] * r                                 #建立链队的队尾数组
    for i in range(d-1,-1,-1):                      #从高位到低位循环
        for j in range(r):                          #初始化各链队的首、尾指针
            front[j]=rear[j]=None
        p=L.head.next                               #p指向单链表L的首结点
        while p!=None:                              #分配:对于原链表中的每个结点循环
            k=geti(p.data,r,i)                      #提取结点关键字的第i个位k
            if front[k]==None:                      #第k个链队空时,队头、队尾均指向p结点
                front[k]=p
                rear[k]=p
            else:                                   #第k个链队非空时,p结点进队
                rear[k].next=p
                rear[k]=p
            p=p.next                                #取下一个结点
        t=L.head                                    #重新用h来收集所有结点
        for j in range(r):                          #收集:对于每一个链队循环
            if front[j]!=None:                      #若第j个链队是第一个非空链队
                t.next=front[j]
                t=rear[j]
        t.next=None                                 #尾结点的next置空
        print("      第%d位排序:" %(i),end='')
        L.display()
    return L

#主程序
L=LinkList()
a=[369,367,167,239,237,138,230,139]
L.CreateListR(a)
print()
print("  最低位优先排序")
print("      L:           ",end=''),L.display()
print("  排序过程")
r=10
d=3
L=RadixSort1(L,d,r)
print("  排序结果:        ",end=''),L.display()
L.CreateListR(a)
print()
print("  最高位优先排序")
print("      L:           ",end=''),L.display()
print("  排序过程")
r=10
```

```
d=3
L=RadixSort2(L,d,r)
print("  排序结果：      ",end=''),L.display()
```

上述程序的执行结果如图2.72所示，从执行结果看出，对该整数序列按最低位优先排序得到递增有序的结果，而按最高位优先排序得到不正确的结果。实际上由多个位构成的十进制整数中各位的重要性是不相同的，通常重要性越低的位越先排序，而重要性越高的位越后排序。

```
最低位优先排序
    L:       369 367 167 239 237 138 230 139
排序过程
    第0位排序: 230 367 167 237 138 369 239 139
    第1位排序: 230 137 138 239 139 367 167 369
    第2位排序: 138 139 167 230 237 239 367 369
排序结果:     138 139 167 230 237 239 367 369

最高位优先排序
    L:       369 367 167 239 237 138 230 139
排序过程
    第2位排序: 167 138 139 239 237 230 369 367
    第1位排序: 138 139 239 230 167 369 367
    第0位排序: 230 237 167 367 138 139 239 369
排序结果:     230 237 167 367 138 139 239 369
```

图2.72 第9章基础实验题4的执行结果

5. 解：基数排序的过程参见《教程》中的9.6节，为了实现递减排序，仍然采用最低位优先的基数排序，但每一趟收集时改为按从9到0的顺序收集。对应的实验程序Exp1-5.py如下：

```
from LinkList import LinkList              #引用带头结点单链表类 LinkList
def geti(key,r,i):                         #求基数为 r 的正整数 key 的第 i 位
    k=0
    for j in range(i+1):
        k=key%r
        key=key//r
    return k

def RadixSort(L,d,r):                      #最低位优先基数排序算法
    front=[None]*r                         #建立链队的队头数组
    rear=[None]*r                          #建立链队的队尾数组
    for i in range(d):                     #从低位到高位循环
        for j in range(r):                 #初始化各链队的首、尾指针
            front[j]=rear[j]=None
        p=L.head.next                      #p指向单链表 L 的首结点
        while p!=None:                     #分配：对于原链表中的每个结点循环
            k=geti(p.data,r,i)             #提取结点关键字的第 i 个位 k
            if front[k]==None:             #第 k 个链队空时，队头、队尾均指向 p 结点
                front[k]=p
                rear[k]=p
            else:                          #第 k 个链队非空时，p 结点进队
                rear[k].next=p
                rear[k]=p
            p=p.next                       #取下一个结点
```

```
            t=L.head                          #重新用h来收集所有结点
            for j in range(r-1,-1,-1):        #收集：按从9到0的顺序收集
                if front[j]!=None:            #若第j个链队是第一个非空链队
                    t.next=front[j]
                    t=rear[j]
            t.next=None                       #尾结点的next置空
            print("      第%d位排序:" %(i),end=' ')
            L.display()
        return L

#主程序
L=LinkList()
a=[369,367,167,239,237,138,230,139]
L.CreateListR(a)
print()
print("   最低位优先排序")
print("      L:            ",end=''),L.display()
print("   排序过程")
r=10
d=3
L=RadixSort(L,d,r)
print("   排序结果:       ",end=''),L.display()
```

上述程序的执行结果如图 2.73 所示。

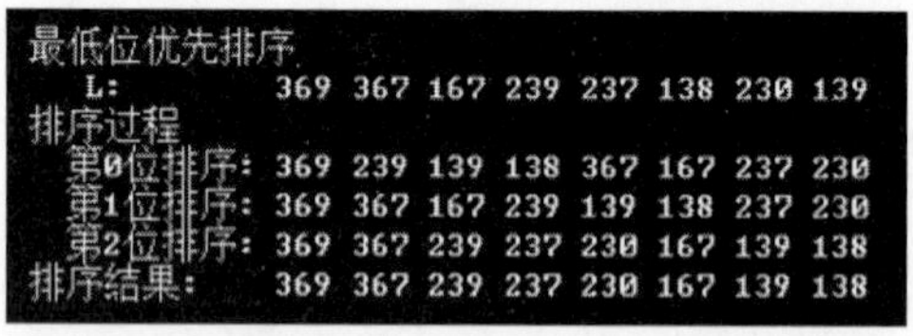

图 2.73　第 9 章基础实验题 5 的执行结果

2.9.3　应用实验题

1. 编写一个实验程序，随机产生 20 000 个 0～10 000 的整数序列 a，对于序列 a 分别采用直接插入排序、折半插入排序和希尔排序算法实现递增排序，给出各个排序算法的执行时间（以秒为单位）。

2. 求无序序列的前 k 个元素。有一个含 $n(n<100)$ 个整数的无序数组 a，编写一个高效的程序采用快速排序方法输出其中前 $k(1 \leqslant k \leqslant n)$ 个最小的元素（输出结果不必有序），并用相关数据进行测试。

3. 编写一个实验程序，从文本文件 abc.txt 中读取若干整数构成 a 序列，对于每个偶数索引 i，输出 $a[0..i]$ 的中位数，并用相关数据进行测试，所谓中位数就是整个序列排序后中间位置的元素。例如 abc.txt 文件包含的整数序列为１５２８６５３，输出结果为１２５５。

4. 编写一个实验程序，对一个包含正、负整数的序列按绝对值递增排序，绝对值相同时按值递增排序，采用递归二路归并算法，并用相关数据进行测试。

2.9.4　应用实验题参考答案

1. 解：直接插入排序、折半插入排序和希尔排序算法的原理参见《教程》中的 9.2 节。

对应的实验程序 Exp2-1.py 如下:

```python
import time
import random
import copy
def InsertSort(R):                          #对 R[0..n-1]按递增有序进行直接插入排序
    for i in range(1,len(R)):               #从第2个元素(即 R[1])开始
        if R[i]<R[i-1]:                     #反序时
            tmp=R[i]                        #取出无序区的第一个元素
            j=i-1;                          #在有序区 R[0..i-1]中从右向左找 R[i]的插入位置
            while True:
                R[j+1]=R[j]                 #将大于 tmp 的元素后移
                j-=1                        #继续向前比较
                if j<0 or R[j]<=tmp: break  #若 j<0 或者 R[j]<=tmp,退出循环
            R[j+1]=tmp                      #在 j+1 处插入 R[i]

def BinInsertSort(R):                       #对 R[0..n-1]按递增有序进行折半插入排序
    for i in range(1,len(R)):
        if R[i]<R[i-1]:                     #反序时
            tmp=R[i]                        #将 R[i]保存到 tmp 中
            low,high=0,i-1
            while low<=high:                #在 R[low..high]中折半查找插入位置 high+1
                mid=(low+high)//2           #取中间位置
                if tmp<R[mid]:
                    high=mid-1              #插入点在左区间
                else:
                    low=mid+1               #插入点在右区间
            for j in range(i-1,high,-1):    #元素集中后移
                R[j+1]=R[j]
            R[high+1]=tmp                   #插入原来的 R[i]

def ShellSort(R):                           #对 R[0..n-1]按递增有序进行希尔排序
    d=len(R)//2                             #增量置初值
    while d>0:
        for i in range(d,len(R)):           #对所有相隔d位置的元素组采用直接插入排序
            tmp=R[i]
            j=i-d
            while j>=0 and R[j]>tmp:        #找到 R[j]<=tmp 为止
                R[j+d]=R[j]                 #对相隔d位置的元素组排序
                j=j-d
            R[j+d]=tmp
        d=d//2                              #递减增量

#主程序
a=[]
for i in range(20000):
    a.append(random.random()*10000)
b=copy.deepcopy(a)
t1=time.time()                              #获取开始时间
InsertSort(b)
t2=time.time()                              #获取结束时间
print()
```

```
print("  直接插入排序的时间：%ds" %(t2-t1))
b=copy.deepcopy(a)
t1=time.time()                                    #获取开始时间
BinInsertSort(b)
t2=time.time()                                    #获取结束时间
print("  折半插入排序的时间：%ds" %(t2-t1))
b=copy.deepcopy(a)
t1=time.time()                                    #获取开始时间
ShellSort(a)
t2=time.time()                                    #获取结束时间
print("  希尔排序的时间：           %ds" %(t2-t1))
```

上述程序的执行结果如图 2.74 所示。

```
直接插入排序的时间: 24s
折半插入排序的时间: 13s
希尔排序的时间:     0s
```

图 2.74　第 9 章应用实验题 1 的执行结果

2. 解：如果将无序数组 a 的元素递增排序，则 $a[0..k-1]$ 就是前 k 个最小的元素并且是递增有序的，对应算法的平均时间复杂度至少为 $O(n\log_2 n)$。这里并不需要全部排序，仅求前 k 个最小的元素。

采用快速排序方法，若当前划分中基准归位的位置 i 为 $k-1$，则 $a[0..k-1]$ 就是要求的前 k 个最小的元素；若 $k-1<i$，则在左区间中查找，否则在右区间中查找。可以证明该方法的时间复杂度为 $O(n)$。

对应的实验程序 Exp2-2.py 如下：

```
def Partition2(R,s,t):                            #划分算法
    i,j=s,t
    base=R[s]                                     #以表首元素为基准
    while i!=j:                                   #从表两端交替向中间遍历，直到 i=j 为止
        while j>i and R[j]>=base:
            j-=1                                  #从后向前遍历，找一个小于基准的 R[j]
        if j>i:
            R[i]=R[j]                             #R[j]前移覆盖 R[i]
            i+=1
        while i<j and R[i]<=base:
            i+=1                                  #从前向后遍历，找一个大于基准的 R[i]
        if i<j:
            R[j]=R[i]                             #R[i]后移覆盖 R[j]
            j-=1
    R[i]=base                                     #基准归位
    return i                                      #返回归位的位置

def QuickSort(a,s,t,k):                           #对 a[s..t]的元素进行快速排序
    if s<t:                                       #区间内至少存在两个元素的情况
        i=Partition2(a,s,t)
        if i==k-1:                                #找到第 k 小的元素
            return
        elif k-1<i:
```

```
            QuickSort(a,s,i-1,k)              #在左区间查找
        else:
            QuickSort(a,i+1,t,k)              #在右区间查找
def Getprek(a,k):                             #输出a中的前k个最小元素
    n=len(a)
    res=[]                                    #存放前k个最小元素
    if k>=1 and k<=n:
        QuickSort(a,0,n-1,k)
        for i in range(k):
            res.append(a[i])
    return res

#主程序
import copy
a=[3,6,8,1,4,7,5,2]
print("\n 初始数序:",end=' ')
print(a)
for k in range(1,len(a)+1):
    b=copy.deepcopy(a)                        #每次从初始序列开始
    print("       ",Getprek(b,k))
```

上述程序的执行结果如图2.75所示。

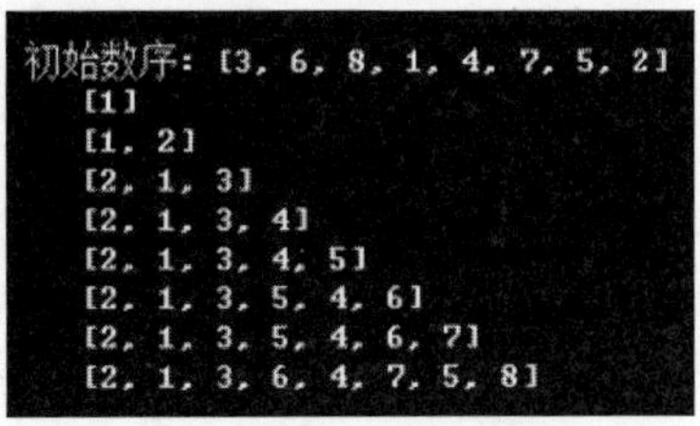

3. 解：如何求 $a[0..i]$ 序列的中位数呢？若每次都采用排序来求中位数，一定会超时，这里用两个堆(即小根堆 small 和大根堆 big)来实现。

当两个堆中共有偶数个整数时，保证两个堆中的整数个数相同；当两个堆中共有奇数个整数时，保证小根堆中多一个整数(堆顶整数就是中位数)。简单地说，用 small 存放最大的一半整数，用 big 存放最小的一半整数。对于输入的整数 x，操作过程如下：

① 若小根堆 small 为空，将 x 插入 small 中，然后返回。

② 若 x 大于小根堆的堆顶元素，将 x 插入 small 中，否则将 x 插入 big 中。

③ 调整两个堆的整数个数，若 small 中的元素个数较少，取出 big 的堆顶元素插入 small 中；若 small 比 big 至少多两个元素，取出 small 的堆顶元素插入 big 中(保证 small 比 big 最多多一个整数)。

这里的堆采用 heapq 优先队列实现。对应的实验程序 Exp2-3.py 如下：

图2.75 第9章应用实验题2的执行结果

```
import heapq
small=[]                                      #小根堆
big=[]                                        #大根堆(加负号转换为大根堆)
def add(x):                                   #增加整数x
    if not small:                             #若小根堆small为空
        heapq.heappush(small,x)               #将x插入small中
        return
    if x>small[0]:                            #若x大于小根堆的堆顶元素
        heapq.heappush(small,x)               #将x插入small中
```

```
        else:
            heapq.heappush(big,-x)                  #否则将 x 插入大根堆 big 中
        if len(small)< len(big):                    #若小根堆的元素个数较少
            e=-heapq.heappop(big)
            heapq.heappush(small,e)                 #取出 big 的堆顶元素插入 small 中
        if len(small)> len(big)+1:                  #若 small 比 big 至少多两个元素
            e=heapq.heappop(small)
            heapq.heappush(big,-e)                  #取出 small 的堆顶元素插入 big 中

#主程序
f=open("abc.txt")
print()
for line in f:
    tmp=list(map(int,line.split()))                 #转换为整数序列
    for i in range(len(tmp)):
        add(tmp[i])
        if i%2==0:
            print("  ",small[0],end=' ')
f.close()
print()
```

例如,abc.txt 包含如下整数序列:

```
6 1 8
9 4 2
3 5 6
1 4 2
```

上述程序的执行结果如图 2.76 所示。

```
6    6    8    6    4    5    5    4
```

图 2.76　第 9 章应用实验题 3 的执行结果

4. **解**:采用递归二路归并算法,改为按题目要求修改元素 x 和 y 的比较关系,即按绝对值比较。对应的实验程序 Exp2-4.py 如下:

```
def cmp(x,y):                                       #按题目要求进行元素的比较
    if abs(x)==abs(y):
        return True if x<y else False
    else:
        return abs(x)< abs(y)

def Merge(R,low,mid,high):                          #R[low..mid]和 R[mid+1..high]归并为 R[low..high]
    R1=[None] * (high-low+1)                        #分配临时归并空间 R1
    i,j,k=low,mid+1,0                               #k 是 R1 的下标,i,j 分别为第 1、2 段的下标
    while i<=mid and j<=high:                       #在第 1 段和第 2 段均未扫描完时循环
        if cmp(R[i],R[j]):                          #将第 1 段中的元素放入 R1 中
            R1[k]=R[i]
            i,k=i+1,k+1
        else:                                       #将第 2 段中的元素放入 R1 中
            R1[k]=R[j]
```

```
            j,k=j+1,k+1
        while i<=mid:                    #将第1段余下的部分复制到R1
            R1[k]=R[i]
            i,k=i+1,k+1
        while j<=high:                   #将第2段余下的部分复制到R1
            R1[k]=R[j]
            j,k=j+1,k+1
        R[low:high+1]=R1[0:high-low+1]

def MergeSort(R):                        #对 R[0..n-1]按递增进行二路归并算法
    MergeSort1(R,0,len(R)-1);

def MergeSort1(R,s,t):                   # 被 MergeSort()调用
    if s>=t: return                      #R[s..t]的长度为0或1时返回
    m=(s+t)//2                           #取中间位置 m
    MergeSort1(R,s,m)                    #对前子表排序
    MergeSort1(R,m+1,t)                  #对后子表排序
    Merge(R,s,m,t)                       #将两个有序子表合并成一个有序表

#主程序
a=[2,-2,5,1,-6,3,4,-1,2]
print()
print("   初始序列:",a)
print("   按绝对值递增排序")
MergeSort(a)
print("   排序结果:",a)
print()
```

上述程序的执行结果如图 2.77 所示。

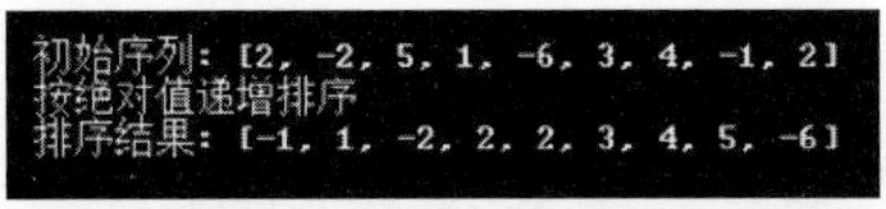

```
初始序列: [2, -2, 5, 1, -6, 3, 4, -1, 2]
按绝对值递增排序
排序结果: [-1, 1, -2, 2, 3, 4, 5, -6]
```

图 2.77 第 9 章应用实验题 4 的执行结果

第三部分 LeetCode在线编程题及参考答案

3.1 第1章 绪论

3.1.1 LeetCode 在线编程题

1. LeetCode1——两数之和

问题描述：给定一个整数数组 nums 和一个目标值 target，请在该数组中找出和为目标值的两个整数，并返回它们的数组下标。可以假设每种输入只会对应一个答案，但是不能重复利用这个数组中同样的元素。例如，给定 nums=[2,7,11,15]，target=9，因为 nums[0]+nums[1]=2+7=9，所以返回[0,1]。要求设计满足题目条件的如下方法：

```
def twoSum(self, nums: List[int], target: int) -> List[int]:
```

2. LeetCode9——回文数

问题描述：判断一个整数是否为回文数。回文数是指正序（从左向右）和倒序（从右向左）读都是一样的整数。例如，121 是回文数，而 -121 不是回文数。要求设计满足题目条件的如下方法：

```
def isPalindrome(self, x: int) -> bool:
```

3.1.2 LeetCode 在线编程题参考答案

1. LeetCode1——两数之和

解：如果用两重循环求解，时间复杂度为 $O(n^2)$，改为用 index 一次遍历 nums，用一个字典 dict 存放已经遍历的整数（关键字为整数，值为该整数在 nums 中的索引），对于当前遍历的整数 nums[index]，若在字典中找到关键字为 target-nums[index]的元素（target-nums[index],i），则返回 i，index 索引对，否则将其添加到 dict 中。对应的算法如下：

```
class Solution:
    def twoSum(self,nums:List[int],target:int) -> List[int]:
        dict={}                                          #定义一个字典
        for index,item in enumerate(nums):
            if target-item in dict:                      #找到后返回结果
                return dict[target-item],index
            dict[item]=index                             #添加到dict
```

运行结果：通过，执行用时为 56ms，内存消耗为 14.2MB，语言为 Python 3。

2. LeetCode9——回文数

解：将整数 x 转换为字符串，再转换为列表，若该列表与其逆置结果相同，则为回文数，否则不是回文数。对应的算法如下：

```
class Solution:
    def isPalindrome(self,x: int) -> bool:
        y=list(str(x))
        y.reverse()                                      #逆置
        return list(str(x))==y
```

运行结果：通过，执行用时为 56ms，内存消耗为 12.6MB，语言为 Python 3。

3.2　第 2 章　线性表

3.2.1　LeetCode 在线编程题

以下题目中的数组采用 Python 列表表示，链表均为不带头结点的单链表，结点类型定义如下：

```
class ListNode:
    def __init__(self, x):
        self.val = x
        self.next = None
```

1. LeetCode27——移除元素

问题描述：给定一个数组 nums 和一个值 val，原地移除所有数值等于 val 的元素，返回移除后数组的新长度。注意不要使用额外的数组空间。例如，给定 nums=[3,2,2,3]，val=3，函数应该返回新的长度 2，并且 nums 中的前两个元素均为 2，不需要考虑数组中超出新长度的后面的元素。要求设计满足题目条件的如下方法：

```
def removeElement(self,nums: List[int],val: int) -> int:
```

2. LeetCode26——删除排序数组中的重复项

问题描述：给定一个排序数组，原地删除重复出现的元素，使得每个元素只出现一次，返回移除后数组的新长度。注意不要使用额外的数组空间，即算法的

空间复杂度为 $O(1)$。例如,给定数组 nums=[1,1,2],函数应该返回新的长度 2,并且原数组 nums 的前两个元素被修改为 1,2,不需要考虑数组中超出新长度的后面的元素。要求设计满足题目条件的如下方法:

```
def removeDuplicates(self, nums: List[int]) -> int:
```

3. LeetCode80——删除排序数组中的重复项 II

问题描述:给定一个排序数组,原地删除重复出现的元素,使得每个元素最多出现两次,返回移除后数组的新长度。注意不要使用额外的数组空间,即算法的空间复杂度为 $O(1)$。例如,给定 nums=[1,1,1,2,2,3],函数应返回新的长度 5,并且原数组的前 5 个元素被修改为 1,1,2,2,3,不需要考虑数组中超出新长度的后面的元素。要求设计满足题目条件的如下方法:

```
def removeDuplicates(self, nums: List[int]) -> int:
```

4. LeetCode4——寻找两个有序数组的中位数

问题描述:给定两个大小为 m 和 n 的有序数组 nums1 和 nums2,请找出这两个有序数组的中位数。假设 nums1 和 nums2 不会同时为空。例如,nums1=[1,3],nums2=[2],则中位数是 2.0;nums1=[1,2],nums2=[3,4],则中位数是 $(2+3)/2=2.5$。要求设计满足题目条件的如下方法:

```
def findMedianSortedArrays(self, nums1: List[int], nums2: List[int]) -> float:
```

5. LeetCode21——合并两个有序链表

问题描述:将两个有序链表合并为一个新的有序链表并返回。新链表是通过拼接给定的两个链表的所有结点组成的。例如,输入链表为 1->2->4,1->3->4,输出结果为 1->1->2->3->4->4。要求设计满足题目条件的如下方法:

```
def mergeTwoLists(self, l1: ListNode, l2: ListNode) -> ListNode:
```

6. LeetCode83——删除排序链表中的重复元素

问题描述:给定一个已经排序的链表,删除所有重复的元素,使得每个元素只出现一次。例如,输入链表为 1->1->2,输出结果为 1->2;输入链表为 1->1->2->3->3,输出结果为 1->2->3。要求设计满足题目条件的如下方法:

```
def deleteDuplicates(self, head: ListNode) -> ListNode:
```

7. LeetCode203——移除链表元素

问题描述:删除链表中等于给定值 val 的所有结点。例如,输入链表为 1->2->6->3->4->5->6,val=6,输出结果为 1->2->3->4->5。要求设计满足题目条件的如下方法:

```
def removeElements(self, head: ListNode, val: int) -> ListNode:
```

8. LeetCode19——删除链表的倒数第 n 个结点

问题描述：给定一个链表，删除链表的倒数第 n 个结点，并且返回链表的首结点。例如，给定一个链表为 1-> 2-> 3-> 4-> 5，$n=2$，当删除了倒数第 2 个结点后，链表变为 1-> 2-> 3-> 5。假设给定的 n 保证是有效的。要求设计满足题目条件的如下方法：

```
def removeNthFromEnd(self, head:ListNode, n:int) -> ListNode:
```

9. LeetCode234——回文链表

问题描述：判断一个链表是否为回文链表。例如，输入链表为 1-> 2，输出为 False；输入链表为 1-> 2-> 2-> 1，输出为 True。要求设计满足题目条件的如下方法：

```
def isPalindrome(self, head: ListNode) -> bool:
```

10. LeetCode61——旋转链表

问题描述：给定一个链表，旋转链表，将链表的每个结点向右移动 k 个位置，其中 k 是非负数。例如，输入链表为 1-> 2-> 3-> 4-> 5-> NULL，$k=2$，输出结果为 4-> 5-> 1-> 2-> 3-> NULL，即向右旋转一步为 5-> 1-> 2-> 3-> 4-> NULL，再向右旋转两步为 4-> 5-> 1-> 2-> 3-> NULL。要求设计满足题目条件的如下方法：

```
def rotateRight(self, head: ListNode, k: int) -> ListNode:
```

3.2.2 LeetCode 在线编程题参考答案

1. LeetCode27——移除元素

解：采用《教程》中例 2.3 的 3 种解法。采用解法 1 的算法如下：

```
class Solution:
    def removeElement(self, nums: List[int], val: int) -> int:
        k=0
        for i in range(len(nums)):
            if nums[i]!=val:              #将不为 val 的元素插入 nums 中
                nums[k]=nums[i]
                k+=1
        return k                          #返回新长度 k
```

运行结果：通过，执行用时为 36ms，内存消耗为 12.7MB，语言为 Python 3。
采用解法 2 的算法如下：

```
class Solution:
    def removeElement(self, nums: List[int], val: int) -> int:
        k=0
        n=len(nums)                       #求长度 n
        for i in range(n):
            if nums[i]!=val:              #将不为 val 的元素前移 k 个位置
                nums[i-k]=nums[i]
```

```
        else:
            k+=1                                      # 累计删除的元素个数 k
    return n-k                                        # 返回新长度 n-k
```

运行结果：通过，执行用时为 44ms，内存消耗为 12.7MB，语言为 Python 3。
采用解法 3 的算法如下：

```
class Solution:
    def removeElement(self, nums: List[int], val: int) -> int:
        i=-1
        j=0
        while j<len(nums):                            #j 遍历所有元素
            if nums[j]!=val:                          #找到不为 val 的元素 nums[j]
                i+=1                                  #扩大不为 val 的区间
                if i!=j:                              #i,j 不相同时将这两个元素交换
                    nums[i],nums[j]=nums[j],nums[i]
            j+=1                                      #继续扫描
        return i+1                                    #返回新长度 i+1
```

运行结果：通过，执行用时为 36ms，内存消耗为 12.6MB，语言为 Python 3。

2. LeetCode26——删除排序数组中的重复项

解：由于是有序数组，所以重复的元素是相邻的，可以采用《教程》中例 2.3 的 3 种解法。这里采用其中的解法 1，算法如下：

```
class Solution:
    def removeDuplicates(self, nums: List[int]) -> int:
        k=1
        for i in range(1,len(nums)):
            if nums[i]!=nums[k-1]:                    #将不重复的元素插入 nums 中
                nums[k]=nums[i]
                k+=1
        return k                                      #返回新长度
```

运行结果：通过，执行用时为 100ms，内存消耗为 15.4MB，语言为 Python 3。

3. LeetCode80——删除排序数组中的重复项 II

解：有序数组中所有重复的元素是相邻的，采用《教程》中例 2.3 解法 1 的思路，先在 nums 中保留开头的两个元素，$k=2$，用 i 遍历其他元素，若 $nums[k-1]=nums[k-2]$ 并且 $nums[i]=nums[k-1]$，则说明 $nums[i]$ 是重复的需要删除的元素，或者说 $nums[k-1]\neq nums[k-2]$ or $nums[i]\neq nums[k-1]$，则 $nums[i]$ 是要保留的元素，将其插入，最后返回 k。对应的算法如下：

```
class Solution:
    def removeDuplicates(self, nums: List[int]) -> int:
        n=len(nums)                                   #求长度 n
        if n<=2: return n
        k=2                                           #nums 中保留两个元素
        for i in range(2,n):                          #遍历其他元素
            if nums[k-1]!=nums[k-2] or nums[i]!=nums[k-1]:
```

```
            nums[k]=nums[i]            #nums[i]为要保留的元素,插入该元素
            k+=1
        return k                       #返回新长度 k
```

运行结果:通过,执行用时为 64ms,内存消耗为 12.6MB,语言为 Python 3。

4. LeetCode4——寻找两个有序数组的中位数

解:采用《教程》中 2.2.3 节的有序顺序表二路归并算法,在归并的结果顺序表中求中位数。对应的算法如下:

```
class Solution:
    def findMedianSortedArrays(self, nums1: List[int], nums2: List[int]) -> float:
        m=len(nums1)
        n=len(nums2)
        if m==0: return self.middle(nums2)     #nums1 为空的情况
        if n==0: return self.middle(nums1)     #nums2 为空的情况
        i,j,k=0,0,0
        res=[]                                  #存放归并的结果
        while i<m and j<n:
            if nums1[i]<nums2[j]:               #将较小的 nums1[i] 添加到 res 中
                res.append(nums1[i])
                i+=1
            elif nums2[j]<nums1[i]:             #将较小的 nums2[j] 添加到 res 中
                res.append(nums2[j])
                j+=1
            else:                               #相等的情况
                res.append(nums1[i])
                res.append(nums2[j])
                i+=1
                j+=1
        while i<m:                              #nums1 没有遍历完,将剩下的元素添加到 res 中
            res.append(nums1[i])
            i+=1
        while j<n:                              #nums2 没有遍历完,将剩下的元素添加到 res 中
            res.append(nums2[j])
            j+=1
        return self.middle(res)

    def middle(self,num):                       #求非空 num 中的中位数
        n=len(num)
        if n%2==1:                              #奇数个元素
            return num[n//2]*1.0
        else:                                   #偶数个元素
            return (num[n//2-1]+num[n//2])/2
```

运行结果:通过,执行用时为 136ms,内存消耗为 12.9MB,语言为 Python 3。

5. LeetCode21——合并两个有序链表

解:采用两个有序单链表的二路归并算法。为了简单,先创建一个头结点 head,让尾结点指针 tail 指向它,每次将 l1 和 l2 中当前较小的结点链接到 tail 结点的后面,最后返回 head.next。对应的算法如下:

```
class Solution:
    def mergeTwoLists(self, l1: ListNode, l2: ListNode) -> ListNode:
        head=ListNode(0)                        #创建一个头结点
        tail=head                               #尾结点指针
        while l1!=None and l2!=None:            #两个链表都没有遍历完时循环
            if l1.val < l2.val:                 #将较小的结点链接到 head 的末尾
                tail.next=l1
                tail=l1
                l1=l1.next
            else:
                tail.next=l2
                tail=l2
                l2=l2.next
        if l1!=None: tail.next = l1             #将不空的链表部分直接链接到 head 的末尾
        else: tail.next=l2
        return head.next                        #返回不带头结点的单链表
```

运行结果：通过，执行用时为 44ms，内存消耗为 13.9MB，语言为 Python 3。

6. LeetCode83——删除排序链表中的重复元素

解：在排序链表中所有重复元素的结点是相邻的，用 pre、p 一对同步指针遍历单链表 head，若 p.val=pre.val，删除结点 p，否则同步后移一个结点，最后返回 head。对应的算法如下：

```
class Solution:
    def deleteDuplicates(self, head: ListNode) -> ListNode:
        if head==None: return head
        p=head.next
        pre=head
        while p!=None:
            if p.val == pre.val:                #p 结点是重复的结点
                pre.next=p.next                 #删除 p 结点
            else:                               #p 结点不是重复的结点
                pre=p                           #pre、p 同步后移
            p=p.next
        return head
```

运行结果：通过，执行用时为 44ms，内存消耗为 12.6MB，语言为 Python 3。

7. LeetCode203——移除链表元素

解法 1：通过 pre、p 一对同步指针遍历单链表 head 来删除值为 val 的结点。对应的算法如下：

```
class Solution:
    def removeElements(self, head: ListNode, val: int) -> ListNode:
        head1=ListNode(0)                       #增加一个头结点
        head1.next=head
        pre=head1
        p=head
        while p!=None:                          #用 p 遍历所有结点
            if p.val==val:                      #找到值为 val 的结点 p
```

```
            pre.next=p.next                    #通过 pre 删除结点 p
        else:
            pre=p
        p=p.next
    return head1.next                          #返回不带头结点的单链表
```

运行结果：通过，执行用时为 72ms，内存消耗为 15.5MB，语言为 Python 3。

解法 2：采用尾插法建表的思路，遍历单链表 head，将所有值不等于 val 的结点插入新单链表中，最后返回新单链表。对应的算法如下：

```
class Solution:
    def removeElements(self, head: ListNode, val: int) -> ListNode:
        head1=ListNode(0)                      #建立新单链表的头结点
        tail=head1                             #尾指针 tail
        p=head
        while p!=None:                         #遍历单链表
            if p.val!=val:                     #将值不等于 val 的结点链接到 tail 之后
                tail.next=p
                tail=p
            p=p.next
        tail.next=None                         #尾结点 next 置为空
        return head1.next
```

运行结果：通过，执行用时为 124ms，内存消耗为 15.6MB，语言为 Python 3。

8. LeetCode19——删除链表的倒数第 n 个结点

解法 1：先添加一个头结点 h，求出结点个数 m，通过正向遍历找到的第 $m-n$ 个结点即为倒数第 $n+1$ 个结点 p，通过结点 p 删除其后继结点，即删除倒数第 n 个结点。对应的算法如下：

```
class Solution:
    def removeNthFromEnd(self, head:ListNode, n:int) -> ListNode:
        h=ListNode(0)                          #增加一个头结点 h
        h.next=head
        p=h
        m=0
        while p.next!=None:                    #求出结点个数 m
            m+=1
            p=p.next
        p=h
        j=0
        while j<m-n and p!=None:               #找到倒数第 n 个结点的前驱结点 p
            p=p.next
            j+=1
        p.next=p.next.next                     #通过结点 p 删除其后继结点
        return h.next
```

运行结果：通过，执行用时为 36ms，内存消耗为 12.7MB，语言为 Python 3。

解法 2：添加一个头结点 h，先让 p 指向第 $n+1$ 个结点，q 指向头结点，然后同步后移直到 p 为空，此时 q 指向倒数第 $n+1$ 个结点，通过结点 q 删除其后继结点即删除了倒数第

n 个结点(长度为 m 的单链表中倒数第 n 个结点就是正数第 $m-n+1$ 个结点,其前驱为正数第 $m-n$ 个结点)。对应的算法如下:

```python
class Solution:
    def removeNthFromEnd(self, head:ListNode, n:int) -> ListNode:
        h=ListNode(0)                          #增加一个头结点 h
        h.next=head
        p=q=h
        j=0
        while p!=None and j<=n:                #p 指向正数第 n+1 个结点
            p=p.next
            j+=1
        while p!=None:                         #q 指向倒数第 n+1 个结点(即正数第 m-n 个结点)
            p=p.next
            q=q.next
        q.next=q.next.next                     #通过结点 q 删除其后继结点
        return h.next
```

运行结果:通过,执行用时为 28ms,内存消耗为 12.7MB,语言为 Python 3。

9. LeetCode234——回文链表

解:先采用《教程》中的例 2.6 的快慢指针法找到中间结点 slow,例如单链表为 (1,2,3),slow 指向 2,单链表为(1,2,3,4),slow 也指向 2,再以 slow 断开分为两个单链表,逆置后者,然后比较它们对应的结点是否相同。对应的算法如下:

```python
class Solution:
    def isPalindrome(self, head: ListNode) -> bool:
        if head==None: return True                                      #考虑特殊情况
        slow=fast=head                                                  #查找中间结点 slow
        while fast!=None and fast.next!=None and fast.next.next!=None:
            slow=slow.next                                              #慢指针每次后移一个结点
            fast=fast.next.next                                         #快指针每次后移两个结点
        h=slow.next
        slow.next=None
        q=self.reverse(h)                                               #逆置不带头结点的单链表 h
        p=head
        while p!=None and q!=None:                                      #比较对应的结点值
            if p.val!=q.val: return False
            p=p.next
            q=q.next
        if q==None: return True
        else: return False

    def reverse(self,head):                                             #逆置不带头结点的单链表
        h=ListNode(0)                                                   #创建一个头结点
        h.next=None
        p=head
        while p!=None:                                                  #用头插法建单链表 h
            q=p.next
            p.next=h.next
```

```
            h.next=p
        p=q
    return h.next
```

运行结果：通过，执行用时为76ms，内存消耗为22.7MB，语言为Python 3。

10. LeetCode61——旋转链表

解：对于单链表(1,2,3,4,5)，当$k=2$时，旋转链表的过程如下。

① 找到倒数第$k+1$个结点(即正数第$n-k$个结点)，分为两个单链表(1,2,3)和(4,5)。
② 将前一个单链表链接到后一个单链表之后，得到(4,5,1,2,3)，它就是结果单链表。

旋转链表如图3.1所示，先求出单链表的结点个数n，找到尾结点tail，再找到正数第$n-k$个结点t，置$h=t.next$，$t.next=None$，$tail.next=head$，则h就是结果单链表。

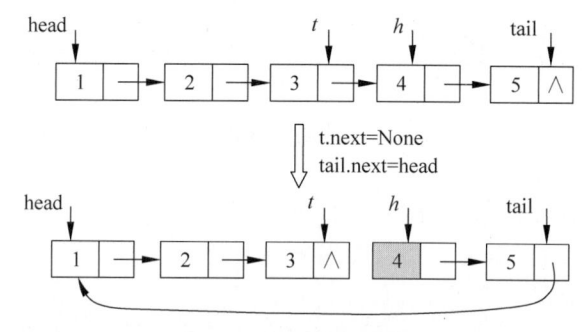

图3.1 旋转链表的过程

对应的算法如下：

```
class Solution:
    def rotateRight(self, head: ListNode, k: int) -> ListNode:
        if head==None or head.next==None or k==0:
            return head                              #考虑特殊情况
        n=1
        tail=head
        while tail!=None and tail.next!=None:        #找到尾结点tail，求出长度n
            n+=1
            tail=tail.next
        k=k%n                                        #求n的模
        if k==0: return head                         #k=0时直接返回head
        t=head
        j=1
        while j<n-k:                                 #查找第n-k个结点t
            j+=1
            t=t.next
        h=t.next
        t.next=None                                  #置结点t为尾结点
        tail.next=head
        return h
```

运行结果：通过，执行用时为32ms，内存消耗为12.8MB，语言为Python 3。

第3章　栈和队列

3.3

3.3.1 LeetCode 在线编程题

1. LeetCode20——有效的括号

问题描述：给定一个只包括 '('、')'、'{'、'}'、'['、']' 的字符串,判断字符串是否有效。有效字符串需满足左括号必须用相同类型的右括号闭合,左括号必须以正确的顺序闭合。注意空字符串可被认为是有效字符串。例如,输入字符串"()",输出为 True；输入字符串"([)]",输出为 False。要求设计满足题目条件的如下方法：

```
def isValid(self, s: str) -> bool:
```

2. LeetCode150——逆波兰表达式求值

问题描述：根据逆波兰表示法求表达式的值,有效的运算符包括 +、-、*、/。每个运算对象可以是整数,也可以是另一个逆波兰表达式。假设给定的逆波兰表达式总是有效的,即表达式总会得出有效数值且不存在除数为 0 的情况。其中整数除法只保留整数部分。例如,输入["2","1","+","3","*"],输出结果为 9；输入 ["4","13","5","/","+"],输出结果为 6。要求设计满足题目条件的如下方法：

```
def evalRPN(self, tokens: List[str]) -> int:
```

3. LeetCode71——简化路径

问题描述：以 UNIX 风格给出一个文件的绝对路径,并且简化它,也就是说,将其转换为规范路径。在 UNIX 风格的文件系统中,一个点(.)表示当前目录本身,两个点(..)表示将目录切换到上一级(指向父目录),两者都可以是复杂相对路径的组成部分。注意,返回的规范路径必须始终以斜杠(/)开头,并且两个目录名之间只有一个斜杠/,最后一个目录名(如果存在)不能以/结尾。此外,规范路径必须是表示绝对路径的最短字符串。例如,输入字符串"/home/",输出结果为"/home"；输入字符串"/a//b////c/d//./../..",输出结果为"/a/b/c"。要求设计满足题目条件的如下方法：

```
def simplifyPath(self, path: str) -> str:
```

4. LeetCode51——n 皇后

问题描述：n 皇后问题研究的是如何将 n 个皇后放置在 n×n 的棋盘上,并且使皇后彼此之间不能相互攻击。给定一个整数 n,返回所有不同的 n 皇后问题的解决方案。每种解法包含一个明确的 n 皇后问题的棋子放置方案,在该方案中"Q"和"."分别代表了皇后和空位。例如,输入 4,输出(共两个解法)结果如下：

```
[
[".Q..",        #解法1
```

```
        "...Q",
        "Q...",
        "..Q."],
       ["..Q.",        #解法 2
        "Q...",
        "...Q",
        ".Q.."]
       ]
```

要求设计满足题目条件的如下方法：

```
def solveNQueens(self, n: int) -> List[List[str]]:
```

5. LeetCode622——设计循环队列

问题描述：循环队列是一种线性数据结构，其操作表现基于 FIFO（先进先出）原则，并且队尾被连接在队首之后以形成一个循环，它也被称为"环形缓冲器"。循环队列的一个好处是用户可以利用这个队列之前用过的空间。在一个普通队列里，一旦一个队列满了就不能插入下一个元素，即使在队列的前面仍有空间，但是在使用循环队列时可以使用这些空间去存储新的值。设计应该支持如下操作。

① MyCircularQueue(k)：构造器，设置队列长度为 k。
② Front()：从队首获取元素。如果队列为空，则返回 -1。
③ Rear()：获取队尾元素。如果队列为空，则返回 -1。
④ enQueue(value)：向循环队列插入一个元素。如果成功插入，则返回 True。
⑤ deQueue()：从循环队列中删除一个元素。如果成功删除，则返回 True。
⑥ isEmpty()：检查循环队列是否为空。
⑦ isFull()：检查循环队列是否已满。

例如：

```
MyCircularQueue circularQueue = new MycircularQueue(3);    #设置长度为 3
circularQueue.enQueue(1);                                   #返回 True
circularQueue.enQueue(2);                                   #返回 True
circularQueue.enQueue(3);                                   #返回 True
circularQueue.enQueue(4);                                   #返回 False，队列已满
circularQueue.Rear();                                       #返回 3
circularQueue.isFull();                                     #返回 True
circularQueue.deQueue();                                    #返回 True
circularQueue.enQueue(4);                                   #返回 True
circularQueue.Rear();                                       #返回 4
```

提示：所有的值都为 0～1000，操作数将为 1～1000，不要使用内置的队列库。

6. LeetCode119——杨辉三角 Ⅱ

问题描述：给定一个非负索引 k，其中 $k \leqslant 33$，返回杨辉三角的第 k 行。在杨辉三角中，每个数是它左上方和右上方的数的和。例如，输入整数 3，输出为[1, 3, 3, 1]。要求设计满足题目条件的如下方法：

```python
def getRow(self, rowIndex: int) -> List[int]:
```

7. LeetCode347——前 k 个高频元素

问题描述：给定一个非空的整数数组，返回其中出现频率前 k 高的元素。例如，输入 nums=[1,1,1,2,2,3],k=2,输出结果为[1,2]；输入 nums=[1],k=1,输出结果为[1]。可以假设给定的 k 总是合理的，且 1≤k≤数组中不相同的元素的个数。另外算法的时间复杂度必须优于 $O(n\log_2 n)$，n 是数组的大小。要求设计满足题目条件的如下方法：

```python
def topKFrequent(self, nums: List[int], k: int) -> List[int]:
```

8. LeetCode23——合并 k 个排序链表

问题描述：合并 k 个排序链表，返回合并后的排序链表。请分析和描述算法的复杂度。例如，输入如下：

```
[
    1->4->5,
    1->3->4,
    2->6
]
```

输出的链表为 1->1->2->3->4->4->5->6。要求设计满足题目条件的如下方法：

```python
def mergeKLists(self, lists: List[ListNode]) -> ListNode:
```

3.3.2 LeetCode 在线编程题参考答案

1. LeetCode20——有效的括号

解：采用《教程》中例 3.4 的设计思路，仅改为用 deque 替代栈类 SqStack。对应的算法如下：

```python
from collections import deque
class Solution:
    def isValid(self, s: str) -> bool:
        st=deque()                              #定义一个栈
        i=0
        while i<len(s):
            e=s[i]
            if e=='(' or e=='[' or e=='{':
                st.append(e)                    #将左括号进栈
            else:
                if e==')':
                    if len(st)==0 or st[-1]!='(':
                        return False            #栈空或栈顶不是'('时返回 False
                    st.pop()
                if e==']':
                    if len(st)==0 or st[-1]!='[':
                        return False            #栈空或栈顶不是'['时返回 False
```

```
                st.pop()
            if e=='}':
                if len(st)==0 or st[-1]!='{':
                    return False;                      #栈空或栈顶不是'{'时返回 False
                st.pop()
            i+=1                                        #继续遍历 str
        return len(st)==0
```

运行结果：通过，执行用时为 28ms,内存消耗为 12.8MB,语言为 Python 3。

2. LeetCode150——逆波兰表达式求值

解：采用《教程》中 3.1.6 节用栈求简单表达式值的设计思路，仅改为用 deque 替代栈类 SqStack。对应的算法如下：

```
from collections import deque
class Solution:
    def evalRPN(self, tokens: List[str]) -> int:
        st=deque()                                      #定义一个运算数栈
        i=0
        while i<len(tokens):                            #遍历 postexp
            opv=tokens[i]                               #从逆波兰表达式(后缀表达式)中取一个元素 opv
            if opv=="+":                                #判定为"+"号
                a=st.pop()                              #退栈取数值 a
                b=st.pop()                              #退栈取数值 b
                c=b+a                                   #计算 c
                st.append(c)                            #将计算结果进栈
            elif opv=="-":                              #判定为"-"号
                a=st.pop()                              #退栈取数值 a
                b=st.pop()                              #退栈取数值 b
                c=b-a                                   #计算 c
                st.append(c)                            #将计算结果进栈
            elif opv=="*":                              #判定为"*"号
                a=st.pop()                              #退栈取数值 a
                b=st.pop()                              #退栈取数值 b
                c=b*a                                   #计算 c
                st.append(c)                            #将计算结果进栈
            elif opv=="/":                              #判定为"/"号
                a=st.pop()                              #退栈取数值 a
                b=st.pop()                              #退栈取数值 b
                c=int(b/a)                              #计算 c
                st.append(c)                            #将计算结果进栈
            else:                                       #处理整数
                st.append(int(opv))                     #将数值 opv 进栈
            i+=1                                        #继续处理 postexp 的其他元素
        return st[-1]                                   #栈顶元素即为求值结果
```

运行结果：通过，执行用时为 80ms,内存消耗为 12.9MB,语言为 Python 3。

3. LeetCode71——简化路径

解：先使用 path.split('/')将字符串 path 按'/'分割,仅保留非空的部分。由于两个点(..)表示将目录切换到上一级,所以用栈依次存放各级的目录,每遇到一个".."就出栈一次,当遇到"."时直接跳过,遇到其他字符时表示一个目录,将其进栈。最后将栈中元素用'/'

字符连接起来返回。

例如，path="/a//b////c/d//././/..",分割后 path=['a','b','c','d','.','.','..']，遍历 path，依次将'a'、'b'、'c'、'd'进栈，跳过两个'.'，遇到'..'出栈'd'，此时栈中元素为('a'、'b'、'c')，用'/'字符连接起来的结果为"/a/b/c"。

对应的算法如下：

```python
from collections import deque
class Solution:
    def simplifyPath(self, path: str) -> str:
        st = deque()                    # 定义一个栈
        path = [p for p in path.split('/') if p]
        for f in path:
            if f == '.': continue
            elif f == '..':
                if st: st.pop()
            else: st.append(f)
        return '/' + '/'.join(st)
```

运行结果：通过，执行用时为 44ms，内存消耗为 12.7MB，语言为 Python 3。

4. LeetCode51——n 皇后

解：n 个皇后的编号为 $0 \sim n-1$，采用一个栈 st 存放已经放置好的皇后，其元素为[皇后 i 的行号，皇后 i 的列号]$(0 \leq i \leq n-1)$。

假设已经放置好了编号为 $0 \sim i-1$ 的 i 个皇后，它们的位置用列表 lst 表示（通过栈 st 连接得到 lst），其中 lst[k]$(0 \leq k \leq i-1)$元素(lst[k][0], lst[k][1])表示皇后 k 的位置。现在要放置皇后 i，考查位置(i,j)是否与前面的皇后的位置冲突？

① 由于皇后 i 的行号为 i，而 i 总是递增的，所以不可能存在行的冲突。
② 如果存在某个皇后的列号 lst[k][1]等于 j，说明有列的冲突。
③ 对角线冲突有两条，如图 3.2 所示。若它们在任意一条对角线上，则构成一个等腰直角三角形，即|lst[k][1]$-j$|==|$i-$lst[k][0]|。

```
        (lst[k][0], lst[k][1])           (lst[k][0], lst[k][1])
              ○                                     ○
              │                                     │
              │ j−lst[k][1]       lst[k][1]−j       │
              │                                     │
       ●──────                              ──────●
      (i,j)                                        (i,j)
       lst[k][0]−i                          i−lst[k][0]

       (a) 对角线1                          (b) 对角线2
```

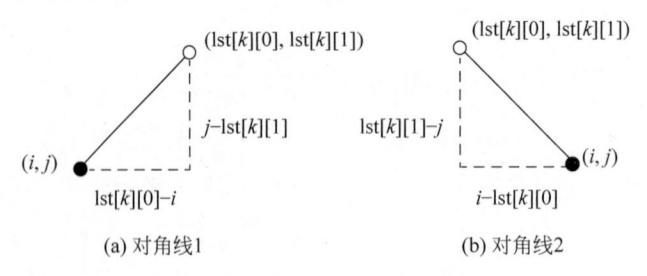

图 3.2 两个皇后构成对角线的情况

从上面看出，对于位置(i,j)，只要满足以下条件就存在冲突，不能在该位置放置皇后 i，否则不冲突，可以试探放置皇后 i：

(lst[k][1]==j) or abs(lst[k][1]$-j$)==abs($i-$lst[k][0])

n 皇后问题的求解有多种方法，这里用栈求解，采用与《教程》中 3.1.6 节用栈求解迷宫问题类似的思路。对应的算法如下：

```python
from collections import deque
class Solution:
    def solveNQueens(self, n: int) -> List[List[str]]:
        st=deque()                                      # 定义一个栈
        res=[]
        st.append([0,-1])                               # 从第一个皇后(0,-1)开始
        while len(st)>0:                                # 栈不空时循环
            q=st.pop()                                  # 出栈一个皇后
            i,j=q[0],q[1]
            lst=list(st)                                # 栈元素转换为列表
            if i==n:                                    # n 个皇后放置好后得到一个解
                res.append(self.buildres(lst,n))
                q=st.pop()                              # 出栈最后的一个皇后
                i,j=q[0],q[1]
            j+=1                                        # 从下一列开始查找
            while j<n:
                if self.place(i,j,lst):                 # (i,j)位置可以放置皇后 i
                    st.append([i,j])                    # 将(i,j)进栈
                    st.append([i+1,-1])                 # 同时将下一个皇后(i+1,-1)进栈
                    break
                j+=1
        return res

    def place(self,i,j,lst):                            # 测试(i,j)位置能否放置皇后
        if i==0: return True                            # 第一个皇后总是可以放置
        k=0
        while k<=i-1:                                   # k=0~i-1 是已放置了皇后的行
            if lst[k][1]==j or abs(lst[k][1]-j)==abs(i-lst[k][0]):
                return False
            k+=1
        return True

    def buildres(self,lst,n):                           # 将 lst 列表转换为题目要求的格式
        ans=[]
        for i in range(n):
            a=['.']*n
            a[lst[i][1]]='Q'
            ans.append(''.join(a))
        return ans
```

运行结果：通过，执行用时为 120ms，内存消耗为 12.9MB，语言为 Python 3。

5. LeetCode622——设计循环队列

解： 用 data[0..MaxSize-1]存放循环队列中的元素，队头指针 front 指向队中队头元素的前一个位置，队尾指针 rear 指向队尾元素；另外设置一个标志 tag，tag=0 表示队列可能空，tag=1 表示队列可能满。初始化如下：

```
data=[None]*MaxSize
front=rear=0
tag=0                                                   # 初始时队列为空
```

这样循环队列的几个要素如下。

① 队空条件：tag=0 and front=rear。
② 队满条件：tag=1 and front=rear。
③ 元素 e 进队（队列非满时）：rear=(rear+1)%MaxSize,data[rear]=e，在任何进队操作后队列都不可能为空，但可能满，所以需要设置 tag=1。
④ 出队（队列非空时）：front=(front+1)%MaxSize，在任何出队操作后队列都不可能满，但可能为空，所以需要设置 tag=0。
⑤ 非空时取队头元素：head=(front+1)%MaxSize,返回 data[head]。注意不能修改队头指针。
⑥ 非空时取队尾元素：返回 data[rear]。注意不能修改队尾指针。
对应的算法如下：

```python
class MyCircularQueue(object):
    def __init__(self, k):
        """
        这里初始化数据结构,设置队列的大小为k
        """
        self.data = [None] * k              #初始化队列列表
        self.MaxSize = k                    #队中最多元素个数
        self.front = 0                      #队头指针
        self.rear = 0                       #队尾指针
        self.tag = 0                        #队列可能空或者满的标志

    def enQueue(self, value):
        """
        插入元素 value 到队列中,如果操作成功返回 True
        """
        if self.isFull():                   #队满返回 False
            return False
        self.rear = (self.rear + 1) % self.MaxSize
        self.data[self.rear] = value
        self.tag = 1
        return True                         #成功插入则返回 True

    def deQueue(self):
        """
        出队一个元素,如果操作成功返回 True
        """
        if self.isEmpty():                  #队空返回 False
            return False
        self.front = (self.front + 1) % self.MaxSize
        self.tag = 0
        return True                         #成功删除则返回 True

    def Front(self):
        """
        获取队头元素
        """
        if self.isEmpty():                  #队空返回-1
            return -1
        head = (self.front + 1) % self.MaxSize
```

```
        return self.data[head]

    def Rear(self):
        """
        获取队尾元素
        """
        if self.isEmpty():                          #队空返回-1
            return -1
        return self.data[self.rear]

    def isFull(self):
        """
        判断队列是否满
        """
        if self.tag==1 and self.rear==self.front:
            return True
        else:
            return False

    def isEmpty(self):
        """
        判断队列是否空
        """
        if self.tag==0 and self.rear==self.front:
            return True
        else:
            return False
```

运行结果：通过，执行用时为68ms，内存消耗为12.9MB，语言为Python 3。

6. LeetCode119——杨辉三角Ⅱ

解：在本题的杨辉三角中，第1行对应 $k=0$，第2行对应 $k=1$，以此类推，为了方便统一将 k 增加1。该问题有多种解法，这里采用队列求解，详细思路参见《教程》第3章中练习题8的解答。对应的算法如下：

```
from collections import deque
class Solution:
    def getRow(self, rowIndex: int) -> List[int]:
        rowIndex+=1                        #改为第1行，k=1，以此类推(k表示rowIndex)
        if rowIndex==1: return [1]         #第1行为特殊情况
        res=[]                             #存放第k行
        qu=deque()                         #定义一个队列
        qu.append(0)                       #第1行(0,1,0)进队
        qu.append(1)
        qu.append(0)
        for r in range(2,rowIndex+1):      #求第2行到第k行
            qu.append(0)
            s=qu.popleft()
            for c in range(r):             #求第r行的r个数字
                t=qu.popleft()
                e=s+t
                if r==rowIndex:            #将第k行的数字添加到res中
```

```
                res.append(e)
                qu.append(e)
                s=t
            qu.append(0)
        return res
```

运行结果：通过，执行用时为 32ms，内存消耗为 12.7MB，语言为 Python 3。

7. LeetCode347——前 k 个高频元素

解：先用字典 dic 累计 nums 中每个整数 key 出现的次数 cnt，再按[-cnt,key]建立一个大根堆，然后求前 k 个高频元素 key 并且添加到列表 res 中，最后返回 res。对应的算法如下：

```
import heapq
class Solution:
    def topKFrequent(self, nums: List[int], k: int) -> List[int]:
        dic={}
        for i in range(len(nums)):                    #累计每个整数出现的次数
            if nums[i] in dic:dic[nums[i]]+=1
            else: dic[nums[i]]=1
        heap=[]
        for key,cnt in dic.items():                   #按 cnt 建立大根堆
            heapq.heappush(heap, [-cnt,key])
        res=[]
        for i in range(k):                            #求前 k 个高频元素
            e=heapq.heappop(heap)
            res.append(e[1])
        return res
```

运行结果：通过，执行用时为 128ms，内存消耗为 17.2MB，语言为 Python 3。

8. LeetCode23——合并 k 个排序链表

解：设置一个最大元素值 MAXV，采用 k 路归并，k 个单链表的序号为 $0 \sim k-1$，用 p 列表存放 k 个单链表的遍历指针，建立一个元素为[val,i]的优先队列 heapq，其中 val 表示结点值，i 表示对应的单链表序号，heapq 作为小根堆，按 val 越小越优先。

采用尾插法建立结果单链表 head，首先将 k 个单链表的首结点值进队(空指针时结点值用 MAXV 代替)，队列不空时循环，出队一个元素 e，若其值为 MAXV，归并结束，否则建立对应结点并且链接到 head 末尾，取对应的单链表遍历指针 q=p[e[1]](同时修改 p 中该单链表的遍历指针)，并且向后移动 q，将 q 结点值进队(空指针时结点值用 MAXV 代替)。

最后设置 head 的尾结点 next 为空，返回 head.next。对应的算法如下：

```
import heapq
MAXV=999999                                          #设置一个最大元素值
class Solution:
    def mergeKLists(self, lists: List[ListNode]) -> ListNode:
        head=ListNode(0)                             #创建一个头结点
        tail=head
        heap=[]
        k=len(lists)                                 #k 个排序单链表
```

```
            p=[]
            for i in range(k):                          #取各个单链表的首结点指针
                p.append(lists[i])
            for i in range(k):                          #将各个单链表的首结点(val,i)进队
                if p[i]!=None:
                    heapq.heappush(heap,[p[i].val,i])
                else:
                    heapq.heappush(heap,[MAXV,i])
            while len(heap)>0:                          #小根堆不空时循环
                e=heapq.heappop(heap)                   #出队一个元素 e
                if e[0]==MAXV:break                     #最小元素为 MAXV 时结束
                s=ListNode(e[0])                        #建立结点 s 链接到 head 末尾
                tail.next=s
                tail=s
                q=p[e[1]]                               #找到归并的单链表的遍历指针
                q=q.next                                #后移一个结点
                p[e[1]]=q                               #修改归并的单链表的遍历指针
                if q!=None:                             #将 q 结点值进队
                    heapq.heappush(heap,[q.val,e[1]])
                else:
                    heapq.heappush(heap,[MAXV,e[1]])
            tail.next=None                              #尾结点 next 设为空
            return head.next
```

运行结果：通过，执行用时为 128ms，内存消耗为 17.2MB，语言为 Python 3。

3.4 第4章 串和数组

3.4.1 LeetCode 在线编程题

1. LeetCode344——反转字符串

问题描述：编写一个函数，其作用是将输入的字符串反转过来。输入字符串以字符数组 char[] 的形式给出，不要给另外的数组分配额外的空间，必须原地修改输入数组，使用 $O(1)$ 的额外空间解决这一问题。可以假设数组中的所有字符都是 ASCII 码表中的可打印字符。例如，输入["h","e","l","l","o"]，输出结果为["o","l","l","e","h"]；输入["H","a","n","n","a","h"]，输出结果为["h","a","n","n","a","H"]。要求设计满足题目条件的如下方法：

```
def reverseString(self, s: List[str]) -> None:
```

2. LeetCode443——压缩字符串

问题描述：给定一组字符，使用原地算法将其压缩。压缩后的长度必须始终小于或等于原数组的长度，数组的每个元素应该是长度为 1 的字符（不是 int 类型）。在完成原地修改输入数组后，返回数组的新长度。例如，输入["a","a","b","b","c","c","c"]，输出 6，输入数组的前 6 个字符应该是["a","2","b","2","c","3"]。其中，"aa"

被"a2"替代,"bb"被"b2"替代,"ccc"被"c3"替代。注意每个数字在数组中都有它自己的位置,所有字符都有一个 ASCII 值在[35,126]内,1≤len(chars)≤1000。要求设计满足题目条件的如下方法:

```
def compress(self, chars: List[str]) -> int:
```

3. LeetCode3——无重复字符的最长子串

问题描述:给定一个字符串,请找出其中不含有重复字符的最长子串的长度。例如,输入字符串"abcabcbb",输出 3。因为无重复字符的最长子串是"abc",所以其长度为 3。要求设计满足题目条件的如下方法:

```
def lengthOfLongestSubstring(self, s: str) -> int:
```

4. LeetCode28——实现 strStr()

问题描述:给定一个 haystack 字符串和一个 needle 字符串,在 haystack 字符串中找出 needle 字符串出现的第一个位置(从 0 开始),如果不存在则返回 -1。例如,输入 haystack="hello",needle="ll",输出结果为 2。要求设计满足题目条件的如下方法:

```
def strStr(self, haystack: str, needle: str) -> int:
```

5. LeetCode867——转置矩阵

问题描述:给定一个矩阵 A,返回 A 的转置矩阵。矩阵的转置是指将矩阵的主对角线翻转,交换矩阵的行索引与列索引。例如,输入[[1,2,3],[4,5,6],[7,8,9]],输出结果为[[1,4,7],[2,5,8],[3,6,9]]。要求设计满足题目条件的如下方法:

```
def transpose(self, A: List[List[int]]) -> List[List[int]]:
```

6. LeetCode48——旋转图像

问题描述:给定一个 $n \times n$ 的二维矩阵表示一个图像,将图像顺时针旋转 90°。注意必须在原地旋转图像,这意味着需要直接修改输入的二维矩阵。请不要使用另一个矩阵来旋转图像。例如,给定 matrix=[[1,2,3],[4,5,6],[7,8,9]],原地旋转输入矩阵,使其变为[[7,4,1],[8,5,2],[9,6,3]]。要求设计满足题目条件的如下方法:

```
def rotate(self, matrix: List[List[int]]) -> None:
```

3.4.2 LeetCode 在线编程题参考答案

1. LeetCode344——反转字符串

解:对应的算法如下。

```
class Solution:
    def reverseString(self, s: List[str]) -> None:
        n=len(s)
```

```
        i,j=0,n-1
        while i<j:
            s[i],s[j]=s[j],s[i]
            i,j=i+1,j-1
```

运行结果：通过，执行用时为224ms，内存消耗为17.2MB，语言为Python 3。

2. LeetCode443——压缩字符串

解：根据题目中数据的特点，采用第 2 章中整体创建顺序表的方式实现字符串的压缩。对应的算法如下：

```
class Solution:
    def compress(self, chars: List[str]) -> int:
        i,k=0,0
        while i<len(chars):
            chars[k]=chars[i]                          # 添加 chars[i]字符
            k+=1
            cnt=1                                      # 累计 chars[i]的相邻重复个数
            i+=1
            while i<len(chars) and chars[i]==chars[k-1]:
                i,cnt=i+1,cnt+1
            if cnt>1:                                  # 仅 cnt>1 时插入数字
                tmp=list(str(cnt))                     # 将 cnt 整数转换为数字字符列表
                for j in range(len(tmp)):              # 将每个数字字符插入 chars
                    chars[k]=tmp[j]
                    k+=1
        return k
```

运行结果：通过，执行用时为100ms，内存消耗为12.7MB，语言为Python 3。

3. LeetCode3——无重复字符的最长子串

解：用 start 记录最近重复字符所在的索引加 1 或者最近无重复子串的开始位置（初始为 0），用 maxlen 记录最长无重复子串的长度（初始为 0）。构建一个字典 dic 存放每个元素最后出现的索引。

在用 i 遍历字符串 s 时，若当前字符 $s[i]$ 在字典中并且 $s[i]$ 的索引大于或等于 start，则重置 start=dic[$s[i]$]+1。更新字典中 $s[i]$ 的索引，即置 dic[$s[i]$]=i，将 $s[start..i]$ 看成最近一个无重复的子串，比较求最大长度 maxlen。遍历结束，返回 maxlen。

例如，s="ababc"，start=0，maxlen=0。

处理 $s[0]$='a'：$s[0]$不重复，dic['a']置为 0，i-start+1=1，修改 maxlen=max(0,1)=1（对应'a'子串）。

处理 $s[1]$='b'：$s[1]$不重复，dic['b']置为 1，i-start+1=2，修改 maxlen=max(1,2)=2（对应'ab'子串）。

处理 $s[2]$='a'：'a'在 dic 中并且 dic['a']≥start(0)，修改 start=dic['a']+1=1，i-start+1=2，修改 maxlen=max(2,2)=2（对应'ba'子串）。

处理 $s[3]$='b'：'b'在 dic 中并且 dic['b']≥start(1)，修改 start=dic['b']+1=2，i-start+1=2，修改 maxlen=max(2,2)=2（对应'ab'子串）。

处理 $s[4]$='c'：$s[4]$不重复，dic['c']置为 4，$i-$start$+1=3$，修改 maxlen$=$max$(2,3)=3$（对应'abc'子串）。

对应的算法如下：

```
class Solution(object):
    def lengthOfLongestSubstring(self, s: str) -> int:
        if len(s)==0: return 0
        dic={}                              #字典 dic 中存放每个元素最后出现的索引
        maxlen=0                            #最长无重复子串的长度
        start=0                             #最近重复字符所在的索引加 1
        for i in range(len(s)):
            if s[i] in dic and dic[s[i]]>=start:  #s[i]在字典中且其索引≥最近重复字符的索引
                start=dic[s[i]]+1
            dic[s[i]]=i                     #更新字典中 s[i]的索引
            maxlen=max(maxlen,i-start+1)    #s[start..i]构成一个无重复的子串
        return maxlen
```

运行结果：通过，执行用时为 64ms，内存消耗为 12.9MB，语言为 Python 3。

4. LeetCode28——实现 strStr()

解法 1：采用 BF 算法，其原理参见《教程》中 4.1.3 节的 BF 算法。对应的算法如下：

```
class Solution:
    def strStr(self,haystack:str,needle:str) -> int:    #用 BF 算法求解
        if len(needle)==0: return 0
        return self.BF(haystack,needle)

    def BF(self,s,t):                       #BF 算法
        i,j=0,0
        while i<len(s) and j<len(t):        #两串未遍历完时循环
            if s[i]==t[j]:                  #两个字符相同
                i,j=i+1,j+1                 #比较下一对字符
            else:
                i,j=i-j+1,0                 #目标串从下一个位置开始,模式串从头开始匹配
        if j>=len(t):
            return i-len(t)                 #返回匹配的首位置
        else:
            return -1                       #模式匹配不成功
```

运行结果：通过，执行用时为 84ms，内存消耗为 12.6MB，语言为 Python 3。

解法 2：采用 KMP 算法，其原理参见《教程》中 4.1.3 节的 KMP 算法。对应的算法如下：

```
class Solution:
    def strStr(self,haystack:str,needle:str) -> int:    #用 KMP 算法求解
        if len(needle)==0: return 0
        return self.KMP(haystack,needle)

    def GetNext(self,t,next):                #由模式串 t 求出 next 值
        j,k=0,-1
        next[0]=-1
        while j<len(t)-1:
            if k==-1 or t[j]==t[k]:          #j 遍历后缀,k 遍历前缀
```

```
                j,k=j+1,k+1
                next[j]=k
            else:
                k=next[k]                      #将 k 置为 next[k]
    def KMP(self,s,t):                         #KMP 算法
        next=[None] * len(t)
        self.GetNext(t,next)                   #求 next 数组
        i,j=0,0
        while i<len(s) and j<len(t):
            if j==-1 or s[i]==t[j]:
                i,j=i+1,j+1                    #i,j 各增 1
            else:
                j=next[j]                      #i 不变,j 回退
        if j>=len(t):
            return i-len(t)                    #返回起始序号
        else:
            return -1                          #返回-1
```

运行结果：通过,执行用时为 48ms,内存消耗为 13.9MB,语言为 Python 3。

5. LeetCode867——转置矩阵

解：对于 m 行 n 列的矩阵 A,建立一个 n 行 m 列的转置矩阵 B,将 A 的每一行复制到 B 的每一列中,最后返回 B。对应的算法如下：

```
class Solution:
    def transpose(self, A):
        m=len(A)
        n=len(A[0])
        B=[[None] * m for i in range(n)]
        for i in range(m):                     #处理 A 的每一行
            for j in range(n):                 #处理 A 的每一列
                B[j][i]=A[i][j]
        return B
```

运行结果：通过,执行用时为 80ms,内存消耗为 13.3MB,语言为 Python 3。

6. LeetCode48——旋转图像

解：这里要求只能在原数组中做旋转操作,从中找到图像旋转的规律。实现该操作的步骤如下：

① 按左下-右上对角线交换所有对角元素。
② 将第 i 行($0 \leqslant i < n/2$)的所有元素与倒数第 i 行交换。

例如,题目中示例的旋转过程如图 3.3 所示。对应的算法如下：

```
class Solution:
    def rotate(self, matrix: List[List[int]]) -> None:
        n=len(matrix)                          #行、列数为 n
        for i in range(n):                     #步骤①
            for j in range(n-i):
                matrix[i][j],matrix[n-j-1][n-i-1]=matrix[n-j-1][n-i-1],matrix[i][j]
```

```
        for i in range(n//2):                      #步骤②
            for j in range(n):
                matrix[i][j],matrix[n-i-1][j]=matrix[n-i-1][j],matrix[i][j]
```

运行结果：通过，执行用时为 40ms，内存消耗为 12.7MB，语言为 Python 3。

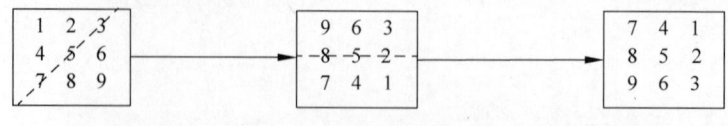

$$\begin{matrix}1&2&3\\4&5&6\\7&8&9\end{matrix} \longrightarrow \begin{matrix}9&6&3\\-8&-5&-2-\\7&4&1\end{matrix} \longrightarrow \begin{matrix}7&4&1\\8&5&2\\9&6&3\end{matrix}$$

图 3.3　示例的旋转过程

3.5　第 5 章　递归

3.5.1　LeetCode 在线编程题

1. LeetCode7——整数反转

问题描述：给出一个 32 位的有符号整数，你需要将这个整数中每位上的数字进行反转。

示例 1：输入 123，输出 321。

示例 2：输入 -123，输出 -321。

示例 3：输入 120，输出 21。

假设我们的环境只能存储得下 32 位的有符号整数，则其数值范围为 $[-2^{31}, 2^{31}-1]$。请根据这个假设，如果反转后整数溢出那么就返回 0。

要求设计满足题目条件的如下方法：

```
def reverse(self, x: int) -> int:
```

2. LeetCode24——两两交换链表中的结点

问题描述：给定一个链表，两两交换其中相邻的结点，并返回交换后的链表。注意不能只是单纯地改变结点内部的值，而是需要实际地进行结点交换。例如，给定链表为 1->2->3->4，返回结果为 2->1->4->3。要求设计满足题目条件的如下方法：

```
def swapPairs(self, head: ListNode) -> ListNode:
```

3. LeetCode59——螺旋矩阵 Ⅱ

问题描述：给定一个正整数 n，生成一个包含 $1 \sim n^2$ 的所有元素，且元素按顺时针顺序螺旋排列的正方形矩阵。例如，输入 3，输出结果如下：

```
[
  [1,2,3],
  [8,9,4],
  [7,6,5]
]
```

要求设计满足题目条件的如下方法：

```
def generateMatrix(self, n: int) -> List[List[int]]:
```

4. LeetCode52——n 皇后 II

问题描述：n 皇后问题研究的是如何将 n 个皇后放置在 n×n 的棋盘上，并且使皇后彼此之间不能相互攻击。给定一个整数 n，返回 n 皇后不同的解决方案的数量。要求设计满足题目条件的如下方法：

```
def totalNQueens(self, n: int) -> int:
```

3.5.2 LeetCode 在线编程题参考答案

1. LeetCode7——整数反转

解：对于 n 位的正整数 $x = x_{n-1}x_{n-2}\cdots x_1 x_0$，$x//10 = x_{n-1}x_{n-2}\cdots x_1$，$x\%10 = x_0$。设 $f(x)$ 为 x 的反转结果字符串，对应的递归模型如下：

$$f(x) = \text{str}(x) \qquad x \text{ 为一位数字}$$
$$f(x) = "x_0" + f(x//10) \qquad \text{其他情况}$$

对应的算法如下：

```
class Solution:
    def reverse(self, x: int) -> int:
        if x < 0:
            x = -int(self.fun(-x))
        else:
            x = int(self.fun(x))
        return x if x < 2147483648 and x >= -2147483648 else 0

    def fun(self, x):                              #正整数的反转
        if x >= 0 and x <= 9:
            return str(x)
        else:
            return str(x%10) + self.fun(x//10)
```

运行结果：通过，执行用时为 44ms，内存消耗为 14MB，语言为 Python 3。

2. LeetCode24——两两交换链表中的结点

解：对于不带头结点的单链表 head，采用递归算法 swap2(head) 求解。当 head 为空或者仅有一个结点时直接返回 head，否则让 q 指向第 3 个结点，交换前面两个结点，首结点仍然用 head 标识，p 指向第 2 个结点，递归调用 p.next=swap2(q) 即可。对应的算法如下：

```
class Solution:
    def swapPairs(self, head: ListNode) -> ListNode:
        return swap2(head)

    def swap2(head):
```

```
        if head==None or head.next==None:
            return head                          #空或者仅有一个结点时返回
        p=head                                   #head 与其后继结点交换
        head=p.next
        q=head.next                              #q 指向第 3 个结点
        head.next=p
        p.next=swap2(q)
        return head
```

运行结果：通过，执行用时为 28ms，内存消耗为 12.5MB，语言为 Python 3。

3. LeetCode59——螺旋矩阵 Ⅱ

解：采用与《教程》中的例 5.5 完全相同的思路。对应的算法如下：

```
class Solution:
    def generateMatrix(self, n: int) -> List[List[int]]:
        global a
        a=[[0]*n for i in range(n)]              #存放螺旋矩阵
        Spiral(0,0,1,n)
        return a

def Spiral(x,y,start,n):                         #递归创建螺旋矩阵
    if n<=0: return                              #递归结束条件
    if n==1:                                     #为 1*1 的矩阵时
        a[x][y]=start
        return
    for j in range(x,x+n-1):                     #上一行
        a[y][j]=start
        start+=1
    for i in range(y,y+n-1):                     #右一列
        a[i][x+n-1]=start
        start+=1
    for j in range(x+n-1,x,-1):                  #下一行
        a[y+n-1][j]=start
        start+=1
    for i in range(y+n-1,y,-1):                  #左一列
        a[i][x]=start
        start+=1
    Spiral(x+1,y+1,start,n-2)                    #递归调用
```

运行结果：通过，执行用时为 32ms，内存消耗为 12.6MB，语言为 Python 3。

4. LeetCode52——n 皇后 Ⅱ

解：采用整数数组 $q[n]$ 存放 n 皇后问题的求解结果，因为每行只能放一个皇后，$q[i]$($1 \leq i \leq n$)的值表示第 i 个皇后所在的列号，即该皇后放在$(i,q[i])$的位置上。对于图 3.4 的解，$q[1..6]=\{2,4,6,1,3,5\}$(为了简便，不使用 $q[0]$元素)。

有关第 i 个皇后位置(i,j)与已放置皇后的冲突处理参见本书 3.3.2 节中的"LeetCode51——n 皇后"。这里采

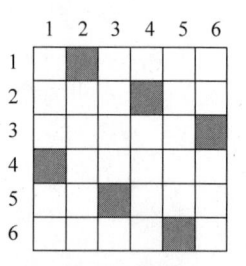

图 3.4　6 皇后问题的一个解

用递归方法求解,设 queen(i,n) 是在 1~$i-1$ 行上已经放好了 $i-1$ 个皇后,用于在 i~n 行放置剩下的 $n-i+1$ 个皇后,则 queen($i+1,n$) 表示在 1~i 行上已经放好了 i 个皇后,用于在 $i+1$~n 行放置 $n-i$ 个皇后。显然 queen($i+1,n$) 比 queen(i,n) 少放置一个皇后,所以 queen(i,n) 是"大问题",queen($i+1,n$) 是"小问题"。求解 n 皇后问题所有解的递归模型如下:

queen(i,n) ≡ n 个皇后放置完毕,得到一个解　　　　　　　　若 $i>n$
queen(i,n) ≡ 在第 i 行找到一个合适的位置(i,j),放置一个皇后;　其他情况
　　　　　　queen($i+1,n$);

对应的算法如下:

```
MAXN=50                              #最多皇后个数
q=[0]*MAXN                           #q[i]存放第 i 个皇后的列号
class Solution:
    def totalNQueens(self, n: int) -> int:
        self.cnt=0                   #累计解个数
        self.queen(1,n)
        return self.cnt

    def place(self,i,j):             #测试(i,j)位置能否摆放皇后
        if i==1: return True         #第一个皇后总是可以放置
        k=1
        while k<i:                   #k=1~i-1 是已放置了皇后的行
            if q[k]==j or (abs(q[k]-j)==abs(i-k)):
                return False
            k+=1
        return True

    def queen(self,i,n):             #放置 1~i 的皇后
        if i>n:                      #所有皇后放置结束
            self.cnt+=1              #得到一个解
        else:
            for j in range(1,n+1):   #在第 i 行上试探每一个列 j
                if self.place(i,j):  #在第 i 行上找到一个合适的位置(i,j)
                    q[i]=j
                    self.queen(i+1,n)
```

运行结果:通过,执行用时为 88ms,内存消耗为 12.6MB,语言为 Python 3。

3.6　第 6 章　树和二叉树

3.6.1　LeetCode 在线编程题

所有题目均为二叉树的算法设计题,二叉树采用二叉链存储结构存储,其结点类型定义如下:

```
class TreeNode:
    def __init__(self, x):
        self.val = x                 #结点值
```

```
        self.left = None                    # 左孩子结点指针
        self.right = None                   # 右孩子结点指针
```

1. LeetCode236——二叉树的最近公共祖先

问题描述：给定一棵二叉树,找到该树中两个指定结点的最近公共祖先。一棵有根树 T 的两个结点 p、q,它们的最近公共祖先表示为一个结点 x,满足 x 是 p、q 的祖先且 x 的深度尽可能大(一个结点也可以是它自己的祖先)。假设该二叉树中所有结点的值都是唯一的,p、q 为不同结点且均存在于给定的二叉树中。例如,给定如图 3.5 所示的一棵二叉树,结点 5 和结点 1 的最近公共祖先是结点 3,结点 5 和结点 4 的最近公共祖先是结点 5。题目要求设计返回二叉树 root 中 p 和 q 结点的最近公共祖先的方法：

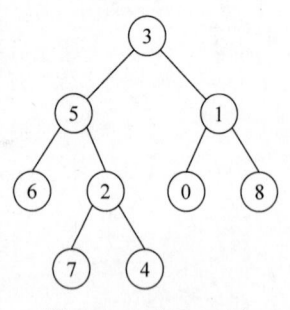

图 3.5 一棵二叉树

```
        def lowestCommonAncestor(self, root: 'TreeNode', p: 'TreeNode', q: 'TreeNode') -> 'TreeNode':
```

2. LeetCode101——对称二叉树

问题描述：给定一棵二叉树,检查它是否为镜像对称的。例如,在如图 3.6 所示的两棵二叉树中,$T1$ 是镜像对称的,而 $T2$ 不是镜像对称的。题目要求设计判断二叉树 root 是否为镜像对称的方法：

```
        def isSymmetric(self, root: TreeNode) -> bool:
```

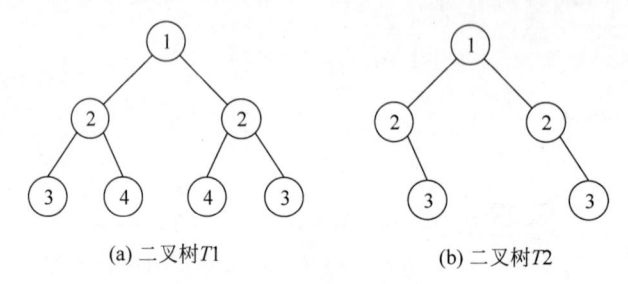

(a) 二叉树 $T1$ (b) 二叉树 $T2$

图 3.6 两棵二叉树

3. LeetCode111——二叉树的最小深度

问题描述：给定一棵二叉树,找出其最小深度。最小深度是从根结点到最近叶子结点的最短路径上的结点数量。例如,如图 3.7 所示的二叉树的最小深度是 2。题目要求设计求二叉树 root 的最小深度的方法：

```
        def minDepth(self, root: TreeNode) -> int:
```

4. LeetCode543——二叉树的直径

问题描述：给定一棵二叉树,设计一个算法求其直径的长度。二叉树中两结点之间的路径长度是以它们之间边的数目表示的,一棵二叉树的直径长度是任意两个结点路径长度中的最大值,这条路径可能穿过根结点。例如,如图3.8所示二叉树的直径为3,它的长度是路径[4,2,1,3]或者[5,2,1,3]的长度。题目要求设计求二叉树root的直径的方法:

```
def diameterOfBinaryTree(self, root: TreeNode) -> int:
```

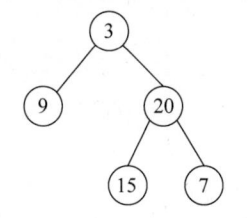

图 3.7　问题 3 的二叉树

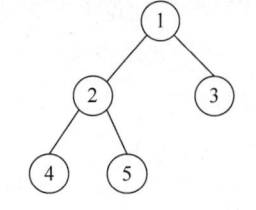

图 3.8　问题 4 的二叉树

5. LeetCode662——二叉树的最大宽度

问题描述:给定一棵二叉树,编写一个函数获取这棵树的最大宽度。树的宽度是所有层中的最大宽度。这棵二叉树与满二叉树(full binary tree)的结构相同,但一些结点为空。每一层的宽度被定义为两个端点(该层最左和最右的非空结点,两端点间的空结点也计入长度)之间的长度。例如,在如图3.9所示的4棵二叉树中,$T1$、$T2$、$T3$ 和 $T4$ 的最大宽度分别是4(最大值出现在第3层)、2(最大值出现在第3层)、2(最大值出现在第2层)和8(最大值出现在第4层)。

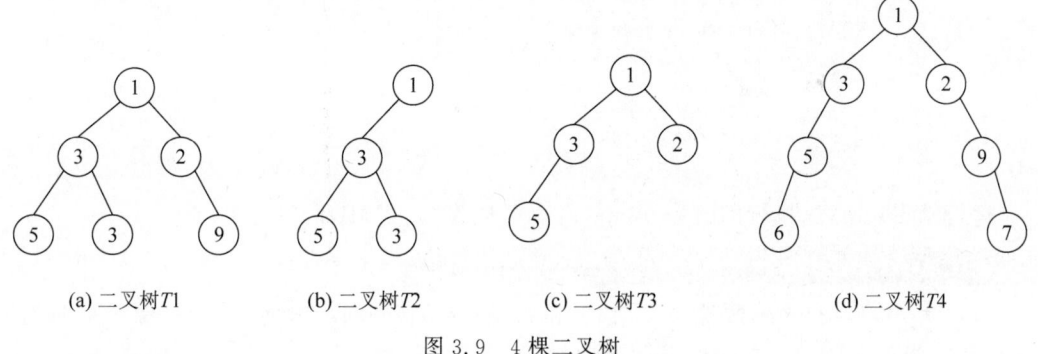

图 3.9　4 棵二叉树

题目要求设计求二叉树最大宽度的方法:

```
def widthOfBinaryTree(self, root: TreeNode) -> int:
```

3.6.2　LeetCode 在线编程题参考答案

1. LeetCode236——二叉树的最近公共祖先

解:设 $f(\text{root}, p, q)$ 返回找到的最近公共祖先结点(由于 p 和 q 均存在于给定的二叉树中,所以一定能够找到它们的最近公共祖先结点)。如果当前结点 root 是 p 或者 q 结点之一,则返回 root;否则递归在左、右子树中查找,如果左、右子树返回的结果均不为空,说明 p、q 结点分别在当前结点 root 的左、右两边,则返回当前结点 root 为最近公共祖先结点,若一个不为空,返回不为空的结果,若都为空,返回空。

例如,在图3.5中,假设p指向结点6,q指向结点0。为了简单,用结点值^表示该结点指针,求解过程$f(3^\wedge,6^\wedge,0^\wedge)$如下:

① 沿着左分支找到结点6,返回$6^\wedge$。

② 从结点6回退到结点5,递归调用结点5的左分支返回$6^\wedge$,再递归调用结点5的右分支,即$f(2^\wedge,6^\wedge,0^\wedge)$,其返回结果为None。

③ 从结点5回退到结点3,递归调用结点3的左分支返回$6^\wedge$,再递归调用结点3的右分支,即$f(1^\wedge,6^\wedge,0^\wedge)$。

④ 执行$f(1^\wedge,6^\wedge,0^\wedge)$找到结点0,返回$0^\wedge$。

⑤ 从结点0回退到结点1,递归调用结点1的左分支返回$0^\wedge$,再递归调用结点1的右分支,即$f(8^\wedge,6^\wedge,0^\wedge)$,其返回结果为None。

⑥ 从结点1回退到结点3,递归调用结点3的右分支返回$0^\wedge$,这样递归调用结点3的左、右分支的结果均不为None,所以返回$3^\wedge$,由于结点3是根结点,则最终结果为结点3是最近公共祖先结点。

对应的算法如下:

```python
class Solution:
    def lowestCommonAncestor(self, root: 'TreeNode', p: 'TreeNode', q: 'TreeNode') -> 'TreeNode':
        if root==None: return None
        if root==p or root==q: return root
        p1=self.lowestCommonAncestor(root.left,p,q)
        q1=self.lowestCommonAncestor(root.right,p,q)
        if p1!=None and q1!=None: return root
        if p1!=None: return p1
        if q1!=None: return q1
        return None
```

运行结果:通过,执行用时为96ms,内存消耗为26.2MB,语言为Python 3。

2. LeetCode101——对称二叉树

解:设$f(t1,t2)$表示两棵二叉树$t1$和$t2$是否镜像对称(当$t1$和$t2$镜像对称时返回True,否则返回False)。对应的递归模型如下:

$f(t1,t2)$=True	当$t1=t2$=None 时
$f(t1,t2)$=False	当$t1,t2$中的一棵为空,另外一棵不为空时
$f(t1,t2)$=False	当$t1$和$t2$均不为空且$t1.val \neq t2.val$时
$f(t1,t2)$=False	当$t1$和$t2$均不为空且$f(t1.left,t2.right)$为False时
$f(t1,t2)$=False	当$t1$和$t2$均不为空且$f(t1.right,t2.left)$为False时
$f(t1,t2)$=True	其他情况

对应的算法如下:

```python
class Solution:
    def isSymmetric(self, root: TreeNode) -> bool:
        if root!=None:
            return isMirror(root.left,root.right)
```

```
        else:
            return True

    def isMirror(t1,t2):
        if t1==None and t2==None: return True
        elif t1==None or t2==None: return False
        if t1.val!=t2.val: return False
        if isMirror(t1.right,t2.left)==False: return False
        if isMirror(t1.left,t2.right)==False: return False
        return True
```

运行结果：通过，执行用时为 44ms，内存消耗为 14MB，语言为 Python 3。

3. LeetCode111——二叉树的最小深度

解：设 $f(root)$ 返回二叉树 root 的最小深度（空树的最小深度为 0，非空树的最小深度为从根结点到最近叶子结点的最短路径上的结点数量）。其递归模型如下：

$f(root)=0$ 当 root 为空树时
$f(root)=f(root.left)+1$ 当 root 的右子树为空时
$f(root)=f(root.right)+1$ 当 root 的左子树为空时
$f(root)=\min(f(root.left),f(root.right))+1$ 当 root 存在左、右子树时

对应的算法如下：

```
class Solution:
    def minDepth(self, root: TreeNode) -> int:
        return self._minDepth(root)

    def _minDepth(self,root):
        if root==None: return 0                              #空树返回0
        leftDepth=self._minDepth(root.left)                  #递归遍历左子树
        rightDepth=self._minDepth(root.right)                #递归遍历右子树
        if leftDepth==0: return rightDepth+1                 #左子树为空
        elif rightDepth==0: return leftDepth+1               #右子树为空
        else: return min(leftDepth,rightDepth)+1             #存在左、右子树
```

运行结果：通过，执行用时为 52ms，内存消耗为 15.9MB，语言为 Python 3。

4. LeetCode543——二叉树的直径

解：利用递归算法设计，对于每个结点对应的子树，计算其左、右子树的深度，左、右深度相加即为该子树的直径，比较求最大值 res，在一棵二叉树遍历完后 res 即为该二叉树的直径。对应的算法如下：

```
class Solution:
    res=0
    def diameterOfBinaryTree(self, root: TreeNode) -> int:
        self.depth(root)
        return self.res

    def depth(self,root):                                    #求root子树的深度
        if root==None: return 0
```

```
            leftdepth=self.depth(root.left)
            rightdepth=self.depth(root.right)
            self.res=max(self.res,leftdepth+rightdepth)        #比较求res
            return max(leftdepth,rightdepth)+1
```

运行结果：通过,执行用时为52ms,内存消耗为14MB,语言为Python 3。

5. LeetCode662——二叉树的最大宽度

解：采用《教程》中的例6.16解法2的思路,用last记录一层的最右结点,增加first记录该层最左结点的队列元素,采用层次遍历,队列中每个元素存放对应结点及其层序编号lno,当一层访问完毕时,e为最右结点的队列元素,计算$curw=e.lno-first.lno+1$,求出当前层的最大宽度,执行$res=max(res,curw)$比较求二叉树的最大宽度。层次遍历完毕后返回res。对应的算法如下：

```
from collections import deque                  #引用双端队列deque
class QNode:                                   #队列中的元素类型
    def __init__(self,l,p):                    #构造方法
        self.lno=l                             #结点的层序编号(这里假设根结点的编号为1)
        self.node=p                            #结点的引用

class Solution:
    def widthOfBinaryTree(self, root: TreeNode) -> int:
        res=0                                  #二叉树的最大宽度
        qu=deque()                             #定义一个队列qu
        flag=True
        last=root                              #第一层的最右结点
        qu.append(QNode(1,root))               #根结点进队
        q=None
        while len(qu)>0:                       #队不空时循环
            e=qu.popleft()                     #出队一个元素e
            p=e.node                           #对应结点p
            if flag:                           #若为当前层的最左结点
                first=e                        #用first保存该最左结点
                flag=False                     #置为False
            if p.left!=None:                   #结点p有左孩子时将其进队
                q=p.left
                qu.append(QNode(2*e.lno,q))    #若结点p的编号为i,则左孩子的编号为2i
            if p.right!=None:                  #结点p有右孩子时将其进队
                q=p.right
                qu.append(QNode(2*e.lno+1,q))  #若结点p的编号为i,则右孩子的编号为2i+1
            if p==last:                        #当前层的所有结点处理完毕
                curw=e.lno-first.lno+1         #求当前层的最大宽度
                res=max(res,curw)              #比较求二叉树的最大宽度
                last=q                         #让last指向下一层的最右结点
                flag=True                      #下一步访问下一层的最左结点
        return res
```

运行结果：通过,执行用时为48ms,内存消耗为14MB,语言为Python 3。

第7章 图

3.7.1 LeetCode 在线编程题

1. LeetCode200——岛屿数量

问题描述：给定一个由 '1'(陆地)和 '0'(水)组成的二维数组，计算岛屿的数量。一个岛被水包围，并且它是通过水平方向或垂直方向上相邻的陆地连接而成的。可以假设网格的 4 条边均被水包围。例如，输入：

```
11110
11010
11000
00000
```

输出结果为 1。题目要求设计求二维数组 grid 中岛屿数量的方法：

```
def numIslands(self, grid: List[List[str]]) -> int:
```

2. LeetCode695——岛屿的最大面积

问题描述：给定一个包含一些 0 和 1 的非空二维数组 grid，一个岛屿是由 4 个方向(水平或垂直)的 1(代表土地)构成的组合。可以假设二维数组的 4 个边缘都被水包围着。找到给定的二维数组中最大的岛屿面积(如果没有岛屿，则返回面积为 0)。例如，输入为：

```
[[0,0,1,0,0,0,0,1,0,0,0,0,0],
 [0,0,0,0,0,0,0,1,1,1,0,0,0],
 [0,1,1,0,1,0,0,0,0,0,0,0,0],
 [0,1,0,0,1,1,0,0,1,0,1,0,0],
 [0,1,0,0,1,1,0,0,1,1,1,0,0],
 [0,0,0,0,0,0,0,0,0,0,1,0,0],
 [0,0,0,0,0,0,0,1,1,1,0,0,0],
 [0,0,0,0,0,0,0,1,1,0,0,0,0]]
```

输出结果为 6。注意答案不应该是 11，因为岛屿只能包含水平或垂直的 4 个方向的 1。又如，输入为：

```
[[0,0,0,0,0,0,0,0]]
```

对于上面的输入，返回 0。注意，给定 grid 的长度和宽度都不超过 50。题目要求设计求二维数组 grid 中最大岛屿面积的方法：

```
def maxAreaOfIsland(self, grid: List[List[int]]) -> int:
```

3. LeetCode130——被围绕的区域

问题描述：给定一个二维的矩阵，它包含"X"和"O"（字母 O），找到所有被"X"围绕的区域，并将这些区域里所有的"O"用"X"填充。例如，输入如下：

```
X X X X
X O O X
X X O X
X O X X
```

运行方法后，矩阵变为：

```
X X X X
X X X X
X X X X
X O X X
```

注意：被围绕的区间不会存在于边界上，换句话说，任何边界上的"O"都不会被填充为"X"。任何不在边界上，或不与边界上的"O"相连的"O"最终都会被填充为"X"。如果两个元素在水平或垂直方向上相邻，则称它们是"相连"的。要求设计如下满足题目要求的方法：

```
def solve(self, board: List[List[str]]) -> None:
```

4. LeetCode684——冗余连接

问题描述：在本问题中，树指的是一个连通且无环的无向图。输入一个图，该图由一个有 N 个顶点（顶点值不重复，为 1、2、……、N）的树及一条附加的边构成。附加的边的两个顶点包含在 1～N 内，这条附加的边不属于树中已存在的边。结果图是一个以边组成的二维数组。每一条边的元素是一对 $[u,v]$，满足 $u<v$，表示连接顶点 u 和 v 的无向图的边。返回一条可以删去的边，使得结果图是一个有着 N 个顶点的树。如果有多个答案，则返回二维数组中最后出现的边，答案边 $[u,v]$ 应满足 $u<v$。例如，输入[[1,2],[1,3],[2,3]]，对应的无向图如图 3.10(a)所示，输出结果为[2,3]；输入[[1,2],[2,3],[3,4],[1,4],[1,5]]，对应的无向图如图 3.10(b)所示，输出结果为[1,4]。

注意：输入的二维数组的大小为 3～1000。二维数组中的整数为 1～N，其中 N 是输入数组的大小。

要求设计如下满足题目要求的方法：

```
def findRedundantConnection(self, edges: List[List[int]]) -> List[int]:
```

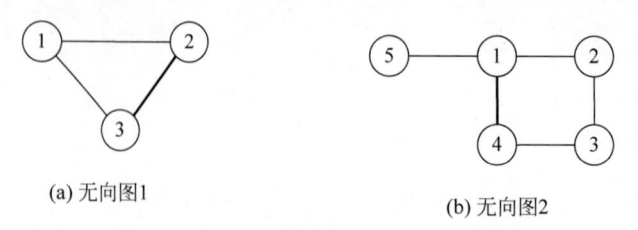

(a) 无向图1

(b) 无向图2

图 3.10 两个无向图

5. LeetCode743——网络延迟时间

问题描述：有 N 个网络结点，标记为 $1 \sim N$。给定一个列表 times，表示信号经过有向边的传递时间，$times[i] = (u, v, w)$，其中 u 是源结点，v 是目标结点，w 是一个信号从源结点传递到目标结点的时间。现在向当前的结点 K 发送了一个信号，需要多久才能使所有结点都收到信号？如果不能使所有结点都收到信号，返回 -1。这里 N 的范围为 $[1, 100]$，K 的范围为 $[1, N]$，times 的长度为 $[1, 6000]$，所有的边 $times[i] = (u, v, w)$ 都有 $1 \leq u, v \leq N$ 且 $0 \leq w \leq 100$。例如，输入 $times = [[2,1,1],[2,3,1],[3,4,1]]$，$N = 4$，$K = 2$，对应的带权有向图如图 3.11 所示，输出结果为 2。

要求设计如下满足题目要求的方法：

```
def networkDelayTime(self, times: List[List[int]], N: int, K: int) —> int:
```

6. LeetCode207——课程表

问题描述：现在有 n 门课需要选，记为 $0 \sim n-1$。在选修某些课程之前需要一些先修课程。例如，想要学习课程 0，需要先完成课程 1，则用一个匹配 [0, 1] 来表示。给定课程总量以及它们的先修条件，判断是否可能完成所有课程的学习？例如，输入 "2, [[1,0]]"，输出结果为 True，因为总共有两门课程，在学习课程 1 之前，需要完成课程 0，所以这是可能的；输入 "2, [[1,0],[0,1]]"，输出结果为 False，因为总共有两门课程，在学习课程 1 之前，需要先完成课程 0，并且在学习课程 0 之前，还应先完成课程 1，这是不可能的。

要求设计如下满足题目要求的方法：

```
def canFinish(self, numCourses: int, prerequisites: List[List[int]]) —> bool:
```

7. LeetCode113——路径总和 II

问题描述：给定一个二叉树和一个目标和，找到所有从根结点到叶子结点的路径总和等于给定目标和的路径。例如，给定如图 3.12 所示的二叉树以及目标和 sum=22，返回结果是 [[5,4,11,2],[5,8,4,5]]。本题的二叉树结点类型如下：

```
class TreeNode:
    def __init__(self, x):
        self.val = x
        self.left = None
        self.right = None
```

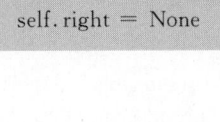

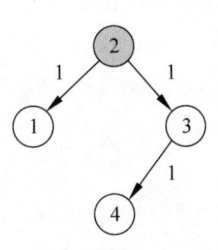

图 3.11 一个带权有向图

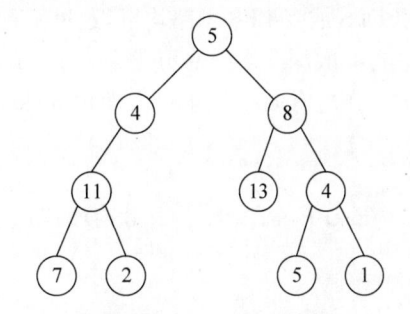

图 3.12 一棵二叉树

题目要求设计如下求二叉树路径总和的方法：

```
def pathSum(self, root: TreeNode, sum: int) -> List[List[int]]:
```

3.7.2 LeetCode 在线编程题参考答案

1. LeetCode200——岛屿数量

解：采用 DFS 或者 BFS 思路均可，这里采用 DFS。当找到 grid[i][j]='1'(陆地)时从 (i,j) 位置出发进行一次深度优先遍历找到一个岛屿，将该岛屿中的所有位置的 grid 值置为 '0'，再找到其他 grid[i][j]='1' 的位置做相同的操作，用 res 累计岛屿个数，最后返回 res。对应的算法如下：

```python
class Solution(object):
    def numIslands(self, grid: List[List[str]]) -> int:
        if grid==None: return None
        m=len(grid)                                  #取二维数组的行数 m
        if m==0: return 0
        n=len(grid[0])                               #取二维数组的列数 n
        if n==0: return 0
        res=0
        for i in range(m):
            for j in range(n):
                if grid[i][j]=='1':
                    res+=1                           #累计调用 dfs() 的次数
                    self.dfs(grid,i,j)
        return res

    def dfs(self, grid, i, j):                       #从(i,j)位置出发进行深度优先遍历
        grid[i][j]='0'
        if i>0 and grid[i-1][j]=='1':                #上方
            self.dfs(grid,i-1,j)
        if j>0 and grid[i][j-1]=='1':                #左方
            self.dfs(grid,i,j-1)
        if i<len(grid)-1 and grid[i+1][j]=='1':      #下方
            self.dfs(grid, i+1,j)
        if j<len(grid[0])-1 and grid[i][j+1]=='1':   #右方
            self.dfs(grid,i,j+1)
```

运行结果：通过，执行用时为 144ms，内存消耗为 14.8MB，语言为 Python 3。

2. LeetCode695——岛屿的最大面积

解：采用 DFS 或者 BFS 思路均可，这里采用 DFS。当找到 grid[i][j]=1(陆地)时从 (i,j) 位置出发进行一次深度优先遍历找到一个岛屿，用 area 累计该岛屿的面积(即 grid 元素由 0 变为 1 的个数)，在所有 area 中求最大面积 maxarea，最后返回 maxarea。对应的算法如下：

```python
from collections import deque
class Solution:
    def maxAreaOfIsland(self, grid: List[List[int]]) -> int:
        if grid==None: return None
        m=len(grid)                                  #取二维数组的行数 m
        if m==0: return 0
```

```
            n=len(grid[0])                          # 取二维数组的列数 n
            if n==0: return 0
            maxarea=0
            for i in range(m):
                for j in range(n):
                    if grid[i][j]==1:
                        area=self.dfs(grid,m,n,i,j)  # 求从(i,j)出发遍历的面积
                        maxarea=max(maxarea,area)    # 求最大面积
            return maxarea

        def dfs(self,grid,m,n,i,j):                  # 从(i,j)位置出发进行深度优先遍历
            dx=[0,0,1,-1]                            # 水平方向的偏移量
            dy=[1,-1,0,0]                            # 垂直方向的偏移量
            grid[i][j]=0
            area=1                                   # (i,j)位置计入面积
            for k in range(4):                       # 考虑上、下、左、右 4 个方位
                x=i+dx[k]
                y=j+dy[k]
                if x>=0 and x<m and y>=0 and y<n and grid[x][y]==1:
                    area+=self.dfs(grid,m,n,x,y)     # 累计面积
            return area
```

运行结果：通过，执行用时为 140ms，内存消耗为 15.2MB，语言为 Python 3。

3. LeetCode130——被围绕的区域

解：采用广度优先遍历，从矩形最外面一圈开始逐渐向里拓展。若"O"是在矩形的最外圈，它肯定不会被"X"包围，与它相连(邻)的"O"也就不可能被"X"包围，也就不会被替换。求解过程是先找出最外圈的"O"，再找到与最外圈的"O"相连的"O"，最后做替换操作。对应的算法如下：

```
from collections import deque
class Solution:
    def solve(self, board: List[List[str]]) -> None:
        if len(board)==0 or len(board[0])==0: return
        m=len(board)
        n=len(board[0])
        qu=deque()                                   # 用双端队列实现普通队列
        for i in range(m):
            for j in range(n):
                if (i==0 or i==len(board)-1 or j==0 or j==len(board[i])-1) and board[i][j]=='O':
                                                     # 从最外面一圈找到一个"O"
                    board[i][j]='$'                  # 用特殊字符"$"替换
                    qu.append([i,j])                 # (i,j)进队
                    while len(qu)>0:                 # 队列不为空时循环
                        e=qu.popleft()               # 出队一个元素 e
                        x,y=e[0],e[1]
                        if x>0 and board[x-1][y]=='O':
                            board[x-1][y] = '$'
                            qu.append([x-1,y])
                        if x<m-1 and board[x+1][y]=='O':
                            board[x+1][y] = '$'
                            qu.append([x+1,y])
```

```
                if y>0 and board[x][y-1]=='O':
                    board[x][y-1] = '$'
                    qu.append([x,y-1])
                if y<n-1 and board[x][y+1]=='O':
                    board[x][y+1] = '$'
                    qu.append([x,y+1])
        for i in range(m):                                  #替换
            for j in range(n):
                if board[i][j]=='O':
                    board[i][j] = 'X'
                if board[i][j]=='$':
                    board[i][j] = 'O'
```

运行结果：通过，执行用时为172ms，内存消耗为14.5MB，语言为Python 3。

4. LeetCode684——冗余连接

解：题目给定一个无向图，它由一棵树及一条附加的边构成，求一条可以删去的边使之成为一棵有着 N 个顶点的树，如果有多个答案，则求最后出现的边。可以采用《教程》中的 7.5 节中的 Kruskal 算法找回路的思路，这里采用改进的 Kruskal 算法中并查集找回路的方法。对应的算法如下：

```
class Solution:
    def findRedundantConnection(self, edges: List[List[int]]) -> List[int]:
        N=len(edges)                                         #输入数组的大小
        parent=[-1]*(N+1)                                    #并查集存储结构
        rank=[0]*(N+1)                                       #存储结点的秩
        for i in range(1,N+1):                               #并查集初始化
            parent[i]=i
            rank[i]=0
        for i in range(N):                                   #处理 edges 中的边
            tmp=edges[i]                                     #取一条边 tmp
            u1,v1=tmp[0],tmp[1]                              #取一条边的头、尾顶点
            sn1=Find(parent,rank,u1)
            sn2=Find(parent,rank,v1)                         #得到两顶点所属连通分量的编号
            if sn1!=sn2:                                     #两个顶点属于不同的集合
                Union(parent,rank,sn1,sn2)
            else:
                return tmp
        return []

def Find(parent,rank,x):                                     #查找 x 结点的根结点
    rx=x
    while parent[rx]!=rx:                                    #找到 x 的根 rx
        rx=parent[rx]
    y=x
    while y!=rx:                                             #路径的压缩
        tmp=parent[y]
        parent[y]=rx
        y=tmp
    return rx                                                #返回根
```

```
def Union(parent,rank,x,y):              # 并查集中 x 和 y 的两个集合的合并
    rx=Find(parent,rank,x)
    ry=Find(parent,rank,y)
    if rx==ry:                           # x 和 y 属于同一棵树的情况
        return
    if rank[rx]<rank[ry]:
        parent[rx]=ry                    # rx 结点作为 ry 的孩子
    else:
        if rank[rx]==rank[ry]:           # 秩相同,合并后 rx 的秩增 1
            rank[rx]+=1
        parent[ry]=rx                    # ry 结点作为 rx 的孩子
```

运行结果:通过,执行用时为 64ms,内存消耗为 12.9MB,语言为 Python 3。

5. LeetCode743——网络延迟时间

解:本题目给出一个网络结构图,求从结点 K 传送到每一个结点的最终时间,实际上就是求结点 K 到所有其他结点的单源最短路径长度,然后从中选择最长的路径长度。这里采用基本的 Dijkstra 算法求解。注意这里的 times 既不是邻接表也不是邻接矩阵,为此将其转换为邻接矩阵 **g**。对应的算法如下:

```
INF=6005
class Solution:
    def networkDelayTime(self, times: List[List[int]], N: int, K: int) -> int:
        g=self.trans(times,N)            # 转换为邻接矩阵 g
        return Dijkstra1(g,N,K)          # 采用 Dijkstra 算法求解

    def trans(self,times,N):             # 将 times 转换为邻接矩阵
        g=[[INF]*(N+1) for i in range(N+1)]   # 建立邻接矩阵 g
        for i in range(N+1): g[i][i]=0
        for i in range(len(times)):
            u=times[i][0]
            v=times[i][1]
            w=times[i][2]
            g[u][v]=w
        return g

    def Dijkstra1(g,N,v):                # 基本 Dijkstra 算法:求从 v 到其他顶点的最短路径
        dist=[-1]*(N+1)                  # 建立 dist 数组
        S=[0]*(N+1)                      # 建立 S 数组
        for i in range(1,N+1):
            dist[i]=g[v][i]              # 最短路径长度的初始化
        S[v]=1                           # 将源点 v 放入 S 中
        u=0
        for i in range(N-1):             # 循环向 S 中添加 n−1 个顶点
            mindis=INF                   # mindis 置最小长度初值
            for j in range(1,N+1):       # 选取不在 S 中且具有最小距离的顶点 u
                if S[j]==0 and dist[j]<mindis:
                    u=j
                    mindis=dist[j]
            S[u]=1                       # 将顶点 u 加入 S 中
            for j in range(1,N+1):       # 修改不在 S 中的顶点的距离
```

```
            if S[j]==0:
                if g[u][j]<INF and dist[u]+g[u][j]<dist[j]:
                    dist[j]=dist[u]+g[u][j]
        ans=0
        for i in range(1,N+1):                              #求 dist 中的最大元素
            ans=max(ans,dist[i])
        if ans==INF: return −1
        else: return ans
```

运行结果：通过，执行用时为 496ms，内存消耗为 14.3MB，语言为 Python 3。

6. LeetCode207——课程表

解：对于 n 门课，课程编号为 $0 \sim n-1$，prerequisites 列表表示先修条件，由一组 $[x,y]$ 构成，每个 $[x,y]$ 表示 $y \to x$ 存在一条有向边。采用拓扑排序得到拓扑序列 res，若 res 含 n 门课程，返回 True，否则返回 False。直接采用《教程》中的 7.7 节的拓扑排序算法，对应的算法如下：

```
from collections import deque
class Solution:
    def canFinish(self,numCourses:int,prerequisites:List[List[int]])->bool:
        dic={}                                              #用 dic 表示课程的入度
        for i in range(numCourses):
            dic[i]=0                                        #初始化所有课程的入度为0
        for i in range(len(prerequisites)):                 #求所有课程的入度
            head=prerequisites[i][1]                        #取先修课程 head
            tail=prerequisites[i][0]                        #取当前课程，存在<head,tail>有向边
            dic[tail]+=1                                    #tail 的入度增1
        st=deque()                                          #用双端队列实现栈
        res=[]                                              #存放拓扑序列
          for i in range(len(dic)):                         #将所有入度为0的课程进栈
              if(dic[i]==0): st.append(i)                   #将入度为0的课程 i 进栈
        while len(st)>0:                                    #栈不为空时循环
            i=st.pop()                                      #出栈一个课程 i
            res.append(i)                                   #将顶点 i 添加到 res 中
              for j in range(len(prerequisites)):
                  if(prerequisites[j][1]==i):               #找到课程 i 的后继课程 tail
                      tail=prerequisites[j][0]
                      dic[tail]−=1                          #课程 tail 的入度减1
                      if(dic[tail]==0): st.append(tail)     #将入度为0的课程进栈
        if(len(res)==numCourses):return True
        else: return False
```

运行结果：通过，执行用时为 644ms，内存消耗为 15MB，语言为 Python 3。

7. LeetCode113——路径总和 Ⅱ

解：采用《教程》中例 7.7 解法 2 的回溯法求解，对于非空二叉树 root，用 path 列表记录一条路径，用 pathsum 记录路径和。对应的算法如下：

```
import copy
class Solution:
    res=[]
```

```python
def pathSum(self, root: TreeNode, sum: int) -> List[List[int]]:
    if root==None:                                    #空树的情况
        return []
    else:                                             #非空树的情况
        self.res=[]
        path=[root.val]
        pathsum=root.val
        self.pathSum1(root,sum,path,pathsum)
        return self.res

def pathSum1(self,root,sum,path,pathsum):
    if root.left==None and root.right==None and pathsum==sum:
        tmp=copy.deepcopy(path)
        self.res.append(tmp)
        return
    if root.left!=None:                               #root 有左孩子,扩展左孩子结点
        path.append(root.left.val)
        pathsum+=root.left.val
        self.pathSum1(root.left,sum,path,pathsum)
        path.pop()                                    #回溯
        pathsum-=root.left.val
    if root.right!=None:                              #root 有右孩子,扩展右孩子结点
        path.append(root.right.val)
        pathsum+=root.right.val
        self.pathSum1(root.right,sum,path,pathsum)
        path.pop()                                    #回溯
        pathsum-=root.right.val
```

运行结果：通过,执行用时为 60ms,内存消耗为 15MB,语言为 Python 3。

3.8 第8章 查找

3.8.1 LeetCode 在线编程题

1. LeetCode69——x 的平方根

问题描述：实现 int sqrt(int x)函数。计算并返回 x 的平方根,其中 x 是非负整数。由于返回类型是整数,结果只保留整数的部分,小数部分将被舍去。例如,输入 4,输出结果为 2；输入 8,输出结果为 2,因为 8 的平方根是 2.828 42。要求设计满足题目条件的如下方法：

```
def mySqrt(self, x: int) -> int:
```

2. LeetCode240——搜索二维矩阵 Ⅱ

问题描述：编写一个高效的算法来搜索 $m \times n$ 矩阵 matrix 中的一个目标值 target。该矩阵具有以下特性：每行的元素从左到右升序排列,每列的元素从上

到下升序排列。例如,现有矩阵 matrix 如下:

```
[
  [1, 4, 7, 11, 15],
  [2, 5, 8, 12, 19],
  [3, 6, 9, 16, 22],
  [10, 13, 14, 17, 24],
  [18, 21, 23, 26, 30]
]
```

给定 target=5,返回 True;给定 target=20,返回 False。要求设计满足题目条件的如下方法:

```
def searchMatrix(self, matrix, target) -> bool:
```

3. LeetCode4——寻找两个有序数组的中位数

问题描述:给定两个大小为 m 和 n 的有序数组 nums1 和 nums2,请找出这两个有序数组的中位数,并且要求算法的时间复杂度为 $O(\log_2(m+n))$。可以假设 nums1 和 nums2 不会同时为空。例如,输入 nums1=[1,3],nums2=[2],输出的中位数是 2.0;输入 nums1=[1,2],nums2=[3,4],输出的中位数是 $(2+3)/2=2.5$。

要求设计满足题目条件的如下方法:

```
def findMedianSortedArrays(self, nums1: List[int], nums2: List[int]) -> float:
```

4. LeetCode235——二叉搜索树的最近公共祖先

问题描述:给定一棵二叉搜索树,找到该树中两个指定结点的最近公共祖先。在百度百科中最近公共祖先的定义为"对于有根树 T 的两个结点 p、q,最近公共祖先表示为一个结点 x,满足 x 是 p、q 的祖先且 x 的深度尽可能大(一个结点也可以是它自己的祖先)"。二叉搜索树的结点类型如下:

```
class TreeNode:
    def __init__(self, x):
        self.val = x
        self.left = None
        self.right = None
```

例如,给定如图 3.13 所示的一棵二叉搜索树,输入 $p=2,q=8$,输出为 6;输入 $p=2$, $q=4$,输出为 2。要求设计满足题目条件的如下方法:

```
def lowestCommonAncestor(self, root: 'TreeNode', p: 'TreeNode', q: 'TreeNode') -> 'TreeNode':
```

5. LeetCode98——验证二叉搜索树

问题描述:给定一棵二叉树,判断其是否为一棵有效的二叉搜索树。假设一棵二叉搜索树具有如下特征:结点的左子树只包含小于当前结点的数,结点的右子树只包含大于当前结点的数,所有左子树和右子树自身必须也是二叉搜索树。例如,如图 3.14(a)所示的二叉树为二叉搜索树,输出 True;如图 3.14(b)所示的二叉树不是二叉

搜索树,输出 False。要求设计满足题目条件的如下方法:

```
def isValidBST(self, root: TreeNode) -> bool:
```

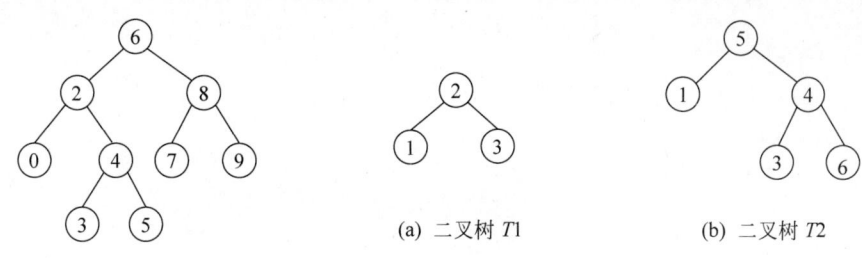

图 3.13　一棵二叉搜索树

(a) 二叉树 T1　　　　(b) 二叉树 T2

图 3.14　两棵二叉树

6. LeetCode110——平衡二叉树

问题描述:给定一棵二叉树,判断它是否为高度平衡的二叉树。在本题中一棵高度平衡的二叉树定义为一棵二叉树每个结点的左、右两个子树的高度差的绝对值不超过 1。要求设计满足题目条件的如下方法:

```
def isBalanced(self, root: TreeNode) -> bool:
```

7. LeetCode705——设计哈希集合

问题描述:不使用任何内建的哈希表库设计一个哈希集合。具体地说,设计应该包含以下功能。

add(value):向哈希集合中插入一个值。

contains(value):返回哈希集合中是否存在这个值。

remove(value):将给定值从哈希集合中删除。如果哈希集合中没有这个值,则什么也不做。

示例:

```
MyHashSet hashSet = new MyHashSet();
hashSet.add(1);
hashSet.add(2);
hashSet.contains(1);          # 返回 True
hashSet.contains(3);          # 返回 False (未找到)
hashSet.add(2);
hashSet.contains(2);          # 返回 True
hashSet.remove(2);
hashSet.contains(2);          # 返回 False (已经被删除)
```

注意:所有的值都在 [0, 1 000 000] 内,操作的总数目在 [1, 10 000] 内,不要使用内建的哈希集合库。

3.8.2　LeetCode 在线编程题参考答案

1. LeetCode69——x 的平方根

解:若 $x=0$ 返回 0,若 $x<4$ 返回 1。当 $x \geqslant 4$ 时,x 的整数平方根一定在 $2 \sim \text{int}(\sqrt{x})+1$

内,采用折半查找法查找这样的mid,满足$mid^2 \leqslant x < (mid+1)^2$。对应的算法如下:

```python
class Solution:
    def mySqrt(self, x: int) -> int:
        if x==0: return 0
        if x<4: return 1
        low,high=2,int(math.sqrt(x))+1
        while True:
            mid=(low+high)//2
            if mid**2 <= x and (mid+1)**2 > x:
                return mid
            elif mid**2 < x:
                low=mid+1
            elif mid**2 > x:
                high=mid-1
```

运行结果:通过,执行用时为40ms,内存消耗为12.7MB,语言为Python 3。

2. LeetCode240——搜索二维矩阵 II

解:求出matrix的行、列数分别为m和n,当$m=0$或$n=0$时返回False,否则根据题目中给出的matrix的有序特性,从右上角($i=0,j=n-1$)开始按行或者按列两个方向搜索。

① 若matric[i][j]=target,返回True。
② 若target<matrix[i][j],在同行的前一列中继续查找,即修改$j-=1$。
③ 若target≥matrix[i][j],在同列的下一行中继续查找,即修改$i+=1$。
④ 当i或者j超界时查找失败,返回False。

上述过程的时间复杂度为$O(m+n)$。对应的算法如下:

```python
class Solution:
    def searchMatrix(self, matrix, target) -> bool:
        m=len(matrix)                           #行数m
        if m==0: return False
        n=len(matrix[0])                        #列数n
        if n==0: return False
        i,j=0,n-1
        while True:
            if matrix[i][j]==target:
                return True
            if target < matrix[i][j]:
                j-=1
            else:
                i+=1
            if i>=m or j<0:
                return False
```

运行结果:通过,执行用时为40ms,内存消耗为17.5MB,语言为Python 3。

3. LeetCode4——寻找两个有序数组的中位数

解:该题采用折半查找。

先设计求两个有序序列a和b(分别含m和n个整数)中第k($1 \leqslant k \leqslant m+n$)小整数的算法findk(a,m,b,n,k),不妨假设序列是递增的,所求的第k小整数用topk表示。

当 a 或 b 为空时，topk 为 $b[k-1]$ 或 $a[k-1]$；当 $k=1$ 时，topk 为 $\min(a[0],b[0])$。当 a 和 b 的元素个数都大于 $k/2$ 时，通过折半法将问题规模缩小，将 a 的第 $k/2$ 个元素(即 $a[k/2-1]$)和 b 的第 $k/2$ 个元素(即 $b[k/2-1]$)进行比较，有以下 3 种情况(为了简化，这里先假设 k 为偶数，所得到的结论对于 k 是奇数也是成立的)。

① $a[k/2-1]=b[k/2-1]$：$a[0..k/2-2]$(a 的前 $k/2-1$ 个元素)和 $b[0..k/2-2]$(b 的前 $k/2-1$ 个元素)共 $k-2$ 个元素均小于或等于 topk，再加上 $a[k/2-1]$、$b[k/2-1]$ 两个元素，说明找到了 topk，即 topk 等于 $a[k/2-1]$ 或 $b[k/2-1]$。

② $a[k/2-1]<b[k/2-1]$：这意味着 $a[0..k/2-1]$(a 的前 $k/2$ 个元素)肯定均小于或等于 topk，换句话说，$a[k/2-1]$ 也一定小于或等于 topk(可以用反证法证明，假设 $a[k/2-1]>$topk，那么 $a[k/2-1]$ 后面的元素均大于 topk，topk 不会出现在 a 中，这样 topk 一定出现在 $b[k/2-1]$ 及后面的元素中，也就是说 $b[k/2-1] \leqslant$topk，与 $a[k/2-1]<b[k/2-1]$ 矛盾，即证)。这样 $a[0..k/2-1]$ 均小于或等于 topk 并且尚未找到第 k 个元素，因此可以抛弃 a 数组的这 $k/2$ 个元素，即在 $a[k/2..m-1]$ 和 b 中找比 $k-k/2$ 小的元素即为 topk。

③ $a[k/2-1]>b[k/2-1]$：同上理，可以抛弃 b 数组的 $b[0..k/2-1]$ 共 $k/2$ 个元素，即在 a 和 $b[k/2..m-1]$ 中找比 $k-k/2$ 小的元素即为 topk。

为了方便，总是让 a 中的元素个数最少，当 b 中的元素个数较少时，交换 a、b 的位置即可。这样当 a 中的元素个数少于 $k/2$ 时，置 $p=\min(k/2,m)$，$q=k-p$，改为 $a[p-1]$ 和 $b[q-1]$ 的比较，始终保证这两个元素前面的全部元素个数恰好为 $k-2$，当 $a[p-1]=b[q-1]$ 时，topk 为 $a[p-1]$ 或者 $b[q-1]$。

简单地说，只要找到 $a[p-1]=b[q-1]$，并且 $p+q=k$，则 topk 即为 $a[p-1]$ 或者 $b[q-1]$，让 p 从 $k/2$ 开始找，通过比较缩小 topk 的范围，时间复杂度为 $O(\log_2 k)$，考虑到 p 可能取 m 或者 n 的情况，所以时间复杂度为 $O(\log_2(m+n))$。

当设计好 findk(a,m,b,n,k) 算法后，置 $k=(m+n)/2$，若总元素个数为偶数，求出第 k 小元素 $m1$ 和第 $k+1$ 小元素 $m2$，返回 $(m1+m2)/2$；若总元素个数为奇数，求出第 $k+1$ 小元素直接返回。对应的算法如下：

```
class Solution:
    def findMedianSortedArrays(self, nums1: List[int], nums2: List[int]) -> float:
        m=len(nums1)
        n=len(nums2)
        if m==0: return middle(nums2)            #nums1 为空的情况
        if n==0: return middle(nums1)            #nums2 为空的情况
        k=(m+n)//2
        if (m+n)%2==0:                           #总元素个数为偶数的情况
            m1=findk(nums1,m,nums2,n,k)
            m2=findk(nums1,m,nums2,n,k+1)
            return (m1+m2)/2
        else:                                    #总元素个数为奇数的情况
            return findk(nums1,m,nums2,n,k+1)

def middle(num):                                 #求一个非空 num 中的中位数
    n=len(num)
    if n%2==1:                                   #奇数个元素
        return num[n//2]*1.0
```

```
        else:                                          #偶数个元素
            return (num[n//2-1]+num[n//2])/2

    def findk(a,m,b,n,k):                              #在两个有序数组中找第 k 小的元素
        if m>n:                                        #用于保证前一个数组元素较少
            return findk(b,n,a,m,k)
        if m==0:
            return b[k-1]
        if k==1:
            return min(a[0],b[0])
        p=min(k//2,m)                                  #当数组 a 中少于 k/2 个元素时取 n
        q=k-p
        if a[p-1]==b[q-1]:
            return a[p-1]
        elif a[p-1]>b[q-1]:
            return findk(a,m,b[q:],n-q,k-q)
        elif a[p-1]<b[q-1]:
            return findk(a[p:],m-p,b,n,k-p)
```

运行结果：通过，执行用时为 100ms，内存消耗为 12.6MB，语言为 Python 3。

4. LeetCode235——二叉搜索树的最近公共祖先

解：若 t 为空树，则不存在最近公共祖先（LCA），返回 None；否则，如果 p 和 q 均小于 t，则 LCA 位于左子树中，如果 p 和 q 均大于 t，则 LCA 位于右子树中。对应的算法如下：

```
class Solution:
    def lowestCommonAncestor(self, root: 'TreeNode', p: 'TreeNode', q: 'TreeNode')->'TreeNode':
        return getLCA(root,p,q)

def getLCA(t,p,q):
    if t==None:                                        #空树返回 None
        return None
    if p.val<t.val and q.val<t.val:                    #如果 p 和 q 均小于 t，则 LCA 位于左子树中
        return getLCA(t.left,p,q)
    if p.val>t.val and q.val>t.val:                    #如果 p 和 q 均大于 t，则 LCA 位于右子树中
        return getLCA(t.right,p,q)
    return t
```

运行结果：通过，执行用时为 76ms，内存消耗为 16.6MB，语言为 Python 3。

5. LeetCode98——验证二叉搜索树

解：若一棵二叉树的中序序列是一个有序序列，则该二叉树一定是一棵二叉搜索树，采用该规则进行判断，只是这里的二叉树中的结点值可能为非常小的负整数。对应的算法如下：

```
class Solution:
    def isValidBST(self, root: TreeNode) -> bool:
        global predt
        predt=-9999999999                              #设置最小的负整数
        return JudgeBST(root)

def JudgeBST(t):                                       #判断是否为 BST
```

```
        global predt
        if t==None:                         #空树是一棵二叉搜索树
            return True
        else:
            b1=JudgeBST(t.left)             #判断左子树
            if b1==False:
                return False                #若左子树不是BST,则返回False
            if predt>=t.val:
                return False                #若当前结点值小于或等于中序前驱结点值,则返回False
            predt=t.val                     #保存当前结点的关键字
            b2=JudgeBST(t.right)            #判断右子树
            return b2
```

运行结果：通过,执行用时为52ms,内存消耗为15.1MB,语言为Python 3。

6. LeetCode110——平衡二叉树

解：设计 solve(t) 函数返回[bal,h]，其中 bal 表示二叉树 t 是否平衡，h 为其高度。对应的算法如下：

```
class Solution:
    def isBalanced(self, root: TreeNode) -> bool:
        res=solve(root)
        return res[0]

def solve(t):                               #判断算法
    if t==None:
        return [True,0]
    lres=solve(t.left)
    if lres[0]==False:
        return [False,-1]
    rres=solve(t.right)
    if rres[0]==False:
        return [False,-1]
    if abs(lres[1]-rres[1])>1:
        return [False,-1]
    h=max(lres[1],rres[1])+1                #求t的高度
    return [True,h]
```

运行结果：通过,执行用时为52ms,内存消耗为16.2MB,语言为Python 3。

7. LeetCode705——设计哈希集合

解法1：采用除留余数法+线性探测法设计的哈希表集合如下。

```
class MyHashSet:
    def __init__(self):
        self.m=1000000
        self.p=999997
        self.ha=[None] * self.m             #存放哈希表元素

    def add(self, key: int) -> None:
        d=key % self.p                      #求哈希函数值
        while self.ha[d]!=None:             #找空位置
```

```
            d=(d+1) % self.m              #用线性探测法查找空位置
            self.ha[d]=key                #放置 key

    def remove(self, key: int) -> None:
        i=self.search(key)
        if i!=-1: self.ha[i]=None

    def contains(self, key: int) -> bool:
        i=self.search(key)
        if i!=-1: return True             #查找成功
        else: return False                #查找失败

    def search(self,key):                 #查找关键字 k,成功时返回其位置,否则返回-1
        d=key % self.p                    #求哈希函数值
        while self.ha[d]!=None and self.ha[d]!=key:
            d=(d+1) % self.m              #用线性探测法查找空位置
        if self.ha[d]==key:               #查找成功返回其位置
            return d
        else:                             #查找失败返回-1
            return -1
```

运行结果：通过,执行用时为 496ms,内存消耗为 40MB,语言为 Python 3。

解法 2：采用拉链法设计的哈希表集合如下。

```
class Node:                               #哈希表单链表结点类型
    def __init__(self, val):
        self.val=val
        self.next=None

class MyHashSet:
    def __init__(self):
        self.size = 1000
        self.ha = [Node(None) for _ in range(self.size)]

    def add(self, key: int) -> None:
        d=key % self.size
        p=self.ha[d]
        q=p.next
        while q!=None:                    #在 ha[d]的单链表中查找 key
            if q.val==key: break          #找到了 key 的结点,退出查找
            p=q                           #p、q 同步后移
            q=q.next
        if q==None:                       #没有找到 key 的结点
            p.next=Node(key)              #在 p 结点之后插入 key 结点

    def remove(self, key: int) -> None:
        d=key % self.size
        p=self.ha[d]
        q=p.next
        while q!=None:                    #在 ha[d]的单链表中查找 key
            if q.val==key:                #找到了 key 的结点 q
                p.next=q.next             #删除 q 结点
                break
            p=q                           #p、q 同步后移
```

```
                q=q.next
        def contains(self, key: int) -> bool:
            d=key % self.size
            p=self.ha[d]
            q=p.next
            while q!=None:                          # 在 ha[d]的单链表中查找 key
                if q.val==key:                      # 找到了 key 的结点 q
                    return True
                q=q.next
            return False                            # 没有找到 key 的结点
```

运行结果：通过，执行用时为 220ms，内存消耗为 17.8MB，语言为 Python 3。从中看出采用拉链法时的效率更高。

3.9 第9章 排序

3.9.1 LeetCode 在线编程题

1. LeetCode349——两个数组的交集

问题描述：给定两个数组，编写一个函数来计算它们的交集。例如，输入 nums1=[1, 2,2,1]，nums2=[2,2]，输出结果为[2]；输入 nums1=[4,9,5]，nums2=[9,4,9,8,4]，输出结果为[9,4]。输出结果中的每个元素一定是唯一的，可以不考虑输出结果的顺序。要求设计满足题目条件的如下方法：

```
        def intersection(self, nums1: List[int], nums2: List[int]) -> List[int]:
```

2. LeetCode912——排序数组

问题描述：给定一个整数数组 nums，将该数组升序排列。例如，输入[5,2,3,1]，输出结果为[1,2,3,5]；输入[5,1,1,2,0,0]，输出结果为[0,0,1,1,2,5]。$1 \leqslant A.length \leqslant 10\,000$，$-50\,000 \leqslant A[i] \leqslant 50\,000$。要求设计满足题目条件的如下方法：

```
        def sortArray(self, nums: List[int]) -> List[int]:
```

3. LeetCode75——颜色分类

问题描述：给定一个包含红色、白色和蓝色，一共 n 个元素的数组，原地对它们进行排序，使得颜色相同的元素相邻，并按照红色、白色、蓝色的顺序排列。在此题中使用整数 0、1 和 2 分别表示红色、白色和蓝色，不能使用代码库中的排序函数来解决这道题。算法最好仅使用常数空间和一趟扫描。例如，输入[2,0,2,1,1,0]，输出结果为[0, 0,1,1,2,2]。要求设计满足题目条件的如下方法：

```
        def sortColors(self, nums: List[int]) -> None:
```

4. LeetCode179——最大数

问题描述：给定一组非负整数，重新排列它们的顺序，使之组成一个最大的整数。例如，输入[10,2]，输出结果为 210；输入[3,30,34,5,9]，输出结果为 9534330。要求设计满足题目条件的如下方法：

  def largestNumber(self, nums: List[int]) -> str:

5. LeetCode148——排序链表

问题描述：在 $O(n\log_2 n)$ 时间复杂度和常数级空间复杂度下对链表进行排序。例如，输入链表为 4->2->1->3，输出链表为 1->2->3->4。要求设计满足题目条件的如下方法：

  def sortList(self, head: ListNode) -> ListNode:

6. LeetCode451——根据字符出现的频率排序

问题描述：给定一个字符串，请将字符串里的字符按照出现的频率降序排列。例如，输入"tree"，输出结果为"eert"；输入"Aabb"，输出结果为"bbAa"。要求设计满足题目条件的如下方法：

  def frequencySort(self, s: str) -> str:

7. LeetCode215——数组中第 k 大的元素

问题描述：在未排序的数组中找到第 k 大的元素。注意，需要找的是数组排序后第 k 大的元素，而不是第 k 个不同的元素。例如，输入[3,2,1,5,6,4]和 $k=2$，输出结果为 5。可以假设 k 总是有效的，且 $1 \leqslant k \leqslant$ 数组的长度。要求设计满足题目条件的如下方法：

  def findKthLargest(self, nums: List[int], k: int) -> int:

8. LeetCode315——计算右侧小于当前元素的个数

问题描述：给定一个整数数组 nums，按要求返回一个新数组 counts。数组 counts 有如下性质：counts[i]的值是 nums[i]右侧小于 nums[i]的元素的数量。例如，输入[5,2,6,1]，输出结果为[2,1,1,0]，其中 5 的右侧有两个更小的元素 2 和 1,2 的右侧仅有一个更小的元素 1,6 的右侧有一个更小的元素 1,1 的右侧有 0 个更小的元素。要求设计满足题目条件的如下方法：

  def countSmaller(self, nums: List[int]) -> List[int]:

3.9.2 LeetCode 在线编程题参考答案

1. LeetCode349——两个数组的交集

解：先将 nums1 和 nums2 递增排序，然后采用二路归并，仅将两个列表相同的不重复元素添加到结果列表 res 中，最后返回 res。对应的算法如下：

```python
class Solution:
    def intersection(self, nums1: List[int], nums2: List[int]) -> List[int]:
        nums1.sort()
        nums2.sort()
        res = []                                            #存放结果
        i, j = 0, 0
        while i < len(nums1) and j < len(nums2):            #二路归并
            if nums1[i] < nums2[j]:
                i += 1
            elif nums1[i] > nums2[j]:
                j += 1
            else:                                           #nums1[i]==nums2[j]
                if len(res) == 0 or (len(res) > 0 and nums1[i] != res[-1]):
                    res.append(nums1[i])
                i, j = i+1, j+1
        return res
```

运行结果：通过，执行用时为 72ms，内存消耗为 12.8MB，语言为 Python 3。

2. LeetCode912——排序数组

解法 1：直接使用 Python 的 sort() 函数实现排序。对应的算法如下：

```python
class Solution:
    def sortArray(self, nums: List[int]) -> List[int]:
        nums.sort()
        return nums
```

运行结果：通过，执行用时为 80ms，内存消耗为 22.48MB，语言为 Python 3。

解法 2：采用堆排序方法。对应的算法如下：

```python
class Solution:
    def sortArray(self, nums: List[int]) -> List[int]:
        HeapSort(nums)
        return nums

def HeapSort(R):                                            #对R[0..n-1]按递增进行堆排序
    n = len(R)
    for i in range(n//2-1, -1, -1):
        siftDown(R, i, n-1)
    for i in range(n-1, 0, -1):
        R[0], R[i] = R[i], R[0]
        siftDown(R, 0, i-1)

def siftDown(R, low, high):                                 #R[low..high]的自顶向下筛选
    i = low
    j = 2*i+1
    tmp = R[i]
    while j <= high:
        if j < high and R[j] < R[j+1]:
            j += 1
```

```
            if tmp<R[j]:
                R[i]=R[j]
                i,j=j,2*i+1
            else: break
        R[i]=tmp
```

运行结果：通过，执行用时为1688ms,内存消耗为22.42MB,语言为Python 3。
解法3：采用自底向上的二路归并排序方法。对应的算法如下：

```
class Solution:
    def sortArray(self, nums: List[int]) -> List[int]:
        MergeSort1(nums)
        return nums

def Merge(R,low,mid,high):                          #二路归并
    R1=[None]*(high-low+1)
    i,j,k=low,mid+1,0
    while i<=mid and j<=high:
        if R[i]<=R[j]:
            R1[k]=R[i]
            i,k=i+1,k+1
        else:
            R1[k]=R[j]
            j,k=j+1,k+1
    while i<=mid:
        R1[k]=R[i]
        i,k=i+1,k+1
    while j<=high:
        R1[k]=R[j]
        j,k=j+1,k+1
    R[low:high+1]=R1[0:high-low+1]

def MergePass(R,length):                            #一趟二路归并排序
    n=len(R)
    i=0
    while i+2*length-1<n:
        Merge(R,i,i+length-1,i+2*length-1)
        i=i+2*length
    if i+length<n:h
        Merge(R,i,i+length-1,n-1)

def MergeSort1(R):                                  #对R按递增进行二路归并算法
    length=1
    while length<len(R):
        MergePass(R,length)
        length=2*length
```

运行结果：通过，执行用时为1064ms,内存消耗为23.61MB,语言为Python 3。
说明：本题尝试采用《教程》中希尔排序和各种快速排序均出现超时。

3. LeetCode75——颜色分类

解：列表nums有两个端点,通过排序操作让左端存放所有的0元素,右端存放所有的

2元素,中间部分存放所有的1元素,为此用0~i表示0元素区间(初始时左端为空,即i置为-1),k~$n-1$表示2元素区间(初始时右端为空,即k置为n)。用j从0开始扫描nums中没有排序的所有元素:

① 若j指向元素1,元素1属于中部,保持不动,后移j。

② 若j指向元素0,元素0属于左部,i增1(扩大0元素区间),将i、j位置的元素交换,交换过来的元素一定是1,后移j。

③ 若j指向元素2,元素2属于右部,k减1(扩大2元素区间),将j、k位置的元素交换,此时交换过来的元素可能为0,所以j不移动,以便下一次再判断。

对应的算法如下:

```python
class Solution:
    def sortColors(self, nums: List[int]) -> None:
        i,j,k=-1,0,len(nums)
        while j<k:
            if nums[j]==0:
                i+=1
                nums[i],nums[j]=nums[j],nums[i]
                j+=1
            elif nums[j]==2:
                k-=1
                nums[k],nums[j]=nums[j],nums[k]
            else:
                j+=1                          # nums[j]=1的情况
```

运行结果:通过,执行用时为36ms,内存消耗为12.7MB,语言为Python 3。

说明:本题如果采用基数排序,设置3个队列,由于nums不是链表,需要移动元素,空间复杂度为$O(n)$。可以进一步改为计数排序,仅记录为0~2的元素个数,再按相应元素个数构造nums。

4. LeetCode179——最大数

解:先将nums中的所有整数转换为字符串,构成一个整数字符串列表R,将R按字符串元素递增排序,注意在排序中两个字符串元素"9"和"90"应该认为"9"大于"90",因为990>909,所以比较方式是"9"+"90">"90"+"9",因此需要通过定制比较函数cmp()实现这样的比较,最后将排序后的元素从后向前连接起来即可。采用直接插入排序对应的算法如下:

```python
class Solution:
    def largestNumber(self, nums: List[int]) -> str:
        R=list(map(str,nums))                 # 将nums转换为字符串列表
        InsertSort(R)                          # 直接插入排序(递增)
        res=""
        for i in range(len(R)-1,-1,-1):        # 从后向前连接起来
            res+=R[i]
        if int(res)==0: return "0"             # 若res为"000",返回"0"
        else: return res                        # 否则返回res

def cmp(x,y):                                  # 实现递增排序的自定义比较函数
    if x+y<y+x: return True
```

```
        else: return False
def InsertSort(R):                              # 对 R[0..n-1]按递增有序进行直接插入排序
    for i in range(1,len(R)):                   # 从第 2 个元素(即 R[1])开始
        if cmp(R[i],R[i-1]):                    # 反序时
            tmp=R[i]                            # 取出无序区的第一个元素
            j=i-1;                              # 在有序区 R[0..i-1]中从右向左找 R[i]的插入位置
            while True:
                R[j+1]=R[j]                     # 将大于 tmp 的元素后移
                j-=1                            # 继续向前比较
                if j<0 or not cmp(tmp,R[j]):    # 若 j<0 或者 R[j]<=tmp,退出循环
                    break
            R[j+1]=tmp                          # 在 j+1 处插入 R[i]
```

运行结果:通过,执行用时为 56ms,内存消耗为 12.8MB,语言为 Python 3。

5. LeetCode148——排序链表

解:因为题目要求算法具有 $O(n\log_2 n)$ 时间复杂度和常数级空间复杂度,所以采用单链表的二路归并算法。其中 MergeSort(self,h)用于递增排序首结点为 h 的单链表,并且返回排序后的有序单链表的首结点,Merge(self,h1,h2)用于两个有序单链表 h1 和 h2 的二路归并,返回合并后有序单链表的首结点。对应的算法如下:

```
class Solution:
    def sortList(self, head: ListNode) -> ListNode:
        if head==None or head.next==None: return head
        return self.MergeSort(head)

    def MergeSort(self,h):                                    # 对首结点为 h 的单链表排序
        if h==None or h.next==None:return h                   # 空或者只有一个结点时返回
        slow=h                                                # 慢指针
        fast=h                                                # 快指针
        while fast.next!=None and fast.next.next!=None:
            slow=slow.next
            fast=fast.next.next
        h1=h                                                  # 分割为前后两个单链表 h1 和 h2
        h2=slow.next
        slow.next=None;
        sorth1=self.MergeSort(h1)                             # 对单链表 h1 排序得到 sorth1
        sorth2=self.MergeSort(h2)                             # 对单链表 h2 排序得到 sorth2
        return self.Merge(sorth1,sorth2)                      # 合并并且返回

    def Merge(self,h1,h2):                                    # 二路归并:合并两个有序单链表
        h=ListNode(0)                                         # 为了方便,创建一个头结点
        t=h                                                   # t 为合并单链表 h 的尾结点
        p,q=h1,h2
        while p!=None and q!=None:
            if p.val<q.val:
                t.next=p
                t=p
                p=p.next
            else:
```

```
            t.next=q
            t=q
            q=q.next
        t.next=None
        if p!=None: t.next=p              #将没有遍历完的结点直接链接到t之后
        else: t.next=q
        return h.next                     #返回合并单链表的首结点
```

运行结果：通过，执行用时为332ms，内存消耗为20.7MB，语言为Python 3。

6. LeetCode451——根据字符出现的频率排序

解：用字典 dict 累计 s 中每个不同字符出现的次数，将所有[次数,字符]添加到临时列表 tmp 中，按次数递减排序，再合并为一个字符串 s，最后返回 s。直接采用列表的 sort()方法排序时对应的算法如下：

```
class Solution:
    def frequencySort(self, s: str) -> str:
        dict={}
        for i in range(len(s)):
            if s[i] in dict:
                dict[s[i]]+=1
            else:
                dict[s[i]]=1
        tmp=[]
        for k,v in dict.items():
            tmp.append([v,k])
        tmp.sort(reverse=True)            #按v递减排序
        s=""
        for i in range(len(tmp)):
            s+=tmp[i][1]*tmp[i][0]
        return s
```

运行结果：通过，执行用时为60ms，内存消耗为13.9MB，语言为Python 3。如果采用二路归并排序算法，对应的算法如下：

```
class Solution:
    def frequencySort(self, s: str) -> str:
        dict={}
        for i in range(len(s)):           #累计每个不同字符出现的次数
            if s[i] in dict:
                dict[s[i]]+=1
            else:
                dict[s[i]]=1
        tmp=[]
        for k,v in dict.items():          #按[次数,字符]建立tmp列表
            tmp.append([v,k])
        MergeSort(tmp)                    #按次数递减(稳定)排序
        s=""
        for i in range(len(tmp)):         #构造字符串s
            s+=tmp[i][1]*tmp[i][0]
        return s                          #返回s
```

```
def MergeSort(R):                              # 对 R[0..n−1] 按 R[i][0] 递减进行二路归并算法
    MergeSort1(R,0,len(R)−1);

def MergeSort1(R,s,t):                         # 被 MergeSort() 调用
    if s>=t: return                            # R[s..t] 的长度为 0 或者 1 时返回
    m=(s+t)//2                                 # 取中间位置 m
    MergeSort1(R,s,m)                          # 对前子表排序
    MergeSort1(R,m+1,t)                        # 对后子表排序
    Merge(R,s,m,t)                             # 将两个有序子表合并成一个有序表

def Merge(R,low,mid,high):                     # R[low..mid] 和 R[mid+1..high] 归并为 R[low..high]
    R1=[None] * (high−low+1)                   # 分配临时归并空间 R1
    i,j,k=low,mid+1,0                          # k 是 R1 的下标,i,j 分别为第 1、2 段的下标
    while i<=mid and j<=high:                  # 在第 1 段和第 2 段均未扫描完时循环
        if R[i][0]>=R[j][0]:                   # 将第 1 段中的元素放入 R1 中
            R1[k]=R[i]
            i,k=i+1,k+1
        else:                                  # 将第 2 段中的元素放入 R1 中
            R1[k]=R[j]
            j,k=j+1,k+1
    while i<=mid:                              # 将第 1 段余下的部分复制到 R1
        R1[k]=R[i]
        i,k=i+1,k+1
    while j<=high:                             # 将第 2 段余下的部分复制到 R1
        R1[k]=R[j]
        j,k=j+1,k+1
    R[low:high+1]=R1[0:high−low+1]             # 将 R1 复制回 R 中
```

运行结果：通过,执行用时为 52ms,内存消耗为 13.8MB,语言为 Python 3。

7. LeetCode215——数组中第 k 大的元素

解：先由 nums 的前 k 个元素建立一个含 k 个元素的小根堆 small,用 i 遍历 nums 的其余元素,若 nums[i]>堆顶元素,出队该堆顶元素,将 nums[i] 进堆,否则跳过 nums[i],最后返回 small 的堆顶元素。对应的算法如下：

```
import heapq
class Solution:
    def findKthLargest(self, nums: List[int], k: int) -> int:
        small=[]                               # 定义一个小根堆
        for i in range(k):                     # 由前 k 个元素建立小根堆
            heapq.heappush(small,nums[i])      # 将 nums[i] 插入 small 中
        i+=1
        while i<len(nums):
            if nums[i]>small[0]:
                heapq.heappop(small)           # 出队一个元素
                heapq.heappush(small,nums[i])  # 将 nums[i] 插入 small 中
            i+=1
        return small[0]
```

运行结果：通过,执行用时为 112ms,内存消耗为 13.3MB,语言为 Python 3。

8. LeetCode315——计算右侧小于当前元素的个数

解：参见《教程》中的例 9.11 求逆序数的思路。当对 nums 递增排序后，所有小于 $nums[i]$ 的元素会移动到它的前面，本题就是求排序中移动到 $nums[i]$ 元素前面的元素的个数。例如 nums=[5,2,6,1]，排序后为[1,2,5,6]，对于 5，有两个元素移到了它的前面，所以 counts[0]=2；对于 2，有一个元素移到了它的前面，所以 counts[1]=1，以此类推。这里采用递归二路归并排序来求解。

先用 R 列表存放初始 nums 数组中的每个元素及其索引（$R[i][0]$ 存放元素值，$R[i][1]$ 存放该元素在 nums 中的索引），初始化结果数组 counts 的长度为 len(nums)，每个元素均为 0。

对列表 R 进行递归二路归并排序，当合并 $R[low..mid]$ 和 $R[mid+1..high]$ 两个有序段时，用 i 遍历第 1 个段，用 j 遍历第 2 个段：

① 若两个段没有遍历完，如果 $R[i] \le R[j]$，则归并 $R[i]$（相同的元素优先归并第一个有序段的元素），此时 $R[mid+1..j-1]$ 共 $j-mid-1$ 个元素均已经移动到 $R[i]$ 的前面，所以 $R[i]$ 对应的右侧较小元素个数增加 $j-mid-1$，即 $counts[R[i][1]] += j-mid-1$，如图 3.15 所示；否则（即 $R[i] > R[j]$）直接归并 $R[j]$（将 $R[j]$ 前移）。

$R[low..mid]$: 1 2 2 3
$R[mid+1..high]$: 2 3 5 8
归并结果：1 2 2

归并 $R[j]$

$R[low..mid]$: 1 2 2 3
$R[mid+1..high]$: 2 3 5 8
归并结果：1 2 2 2

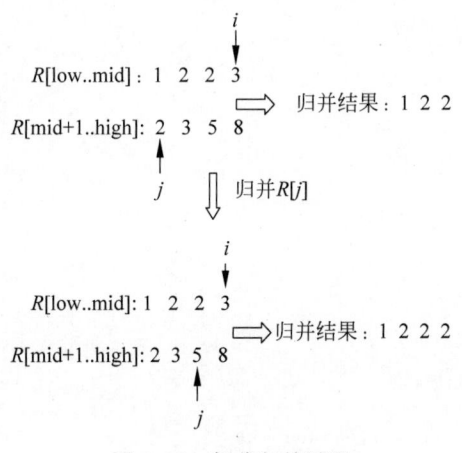

图 3.15 部分归并过程

例如，如图 3.16 所示，当归并 1,2,2 后（没有元素前移），$R[i]=3,R[j]=2$，由于 $R[i]>R[j]$，此时归并 $R[j]$，即将 $R[j]$ 前移（此时并不记录移动次数），这样有 $R[j]=3$。由于 $R[i]=R[j]$，满足 $R[i] \le R[j]$ 的条件，归并 $R[i]$，累计 $R[j]$ 前面归并的元素个数（即 1）。注意这里并不是累计全部的前移元素个数，而是累计每个 $R[i]$ 的前移元素个数。

有序段1　　　　　$R[i] \le R[j]$　　　　有序段2

$R[low]$ … $\mathbf{R[i]}$ … $R[mid]$ ｜ $R[mid+1]$ … $R[j-1]$ $\mathbf{R[j]}$ … $R[high]$

$R[mid+1..j-1]$ 共有 $j-mid-1$ 个元素

图 3.16 在两个有序段的归并中求 $R[i]$ 右侧小于当前元素的个数

② 若第 2 个段归并完而第 1 个段没有归并完，显然第 2 个段的所有元素（共 high−mid 个元素）都移动到 $R[i]$ 的前面，所以 $R[i]$ 对应的右侧较小元素个数增加 high−mid（第 2 个

段的总元素个数），即 counts[R[i][1]]+=high-mid。

对应的算法如下：

```
class Solution:
    def countSmaller(self, nums: List[int]) -> List[int]:
        R=[]                                          #存放每个元素及其索引
        for i,d in enumerate(nums):
            R.append([d,i])
        self.counts=[0] * len(nums)                   #初始化结果数组
        self.MergeSort(R,0,len(nums)-1)
        return self.counts

    def MergeSort(self,R,low,high):
        if low >= high: return
        mid = (low+high)//2
        self.MergeSort(R,low,mid)
        self.MergeSort(R,mid+1,high)
        i,j=low,mid+1                                 #二路归并
        R1=[]                                         #分配临时归并空间 R1
        k=0
        while i<=mid and j<=high:
            if R[i][0]<=R[j][0]:                      #R[i][1]为初始数组中的索引
                R1.append(R[i])                       #归并 R[i]
                self.counts[R[i][1]]+=j-mid-1         #累加 R[i][1]位置前移的元素个数
                i+=1
            else:
                R1.append(R[j])                       #归并 R[j]
                j+=1
        while i<=mid:                                 #第1个段没有遍历完
            R1.append(R[i])
            self.counts[R[i][1]]+=high-mid
            i+=1
        while j<=high:                                #第2个段没有遍历完
            R1.append(R[j])
            j+=1
        R[low:high+1]=R1[0:high-low+1]
```

运行结果：通过，执行用时为 192ms，内存消耗为 17.3MB，语言为 Python 3。

附录 A 实验报告格式

实验报告是把实验的目的、方法、过程和结果等记录下来，经过整理写成书面汇报。实验报告的主要内容包括实验目的和意义、实验解决的问题、实验设计和结论。

通常一门课程的实验含多个实验题，以涵盖课程的主要知识点。结合数据结构课程的特点，建议至少含 5 个实验，分别对应线性表、树/二叉树、图、查找和排序的知识点，在树/二叉树或者图实验中包含栈或者队列的应用，也可以做两三个综合性较强的实验。

每个实验对应一份实验报告，实验报告的基本格式如下：

> 学号：*** 姓名：*** 班号：*** 指导教师：***
> 实验目的：***
> 实验题目：***
> 实验要求：***
> 实验设计：含数据结构设计，实验程序结构和算法设计
> 实验结果：***
> 实验体会：***
> 实验程序代码：***
> 教师评分：***
> 教师评语：***

或者将整个实验写成一份实验报告，基本格式如下：

> 封面：含学号、姓名、班号、指导教师、教师评分和教师评语
> 目录：***
> 实验 1 的题目、要求、实验设计、实验结果、实验体会和实验程序代码
> ...
> 实验 n 的题目、要求、实验设计、实验结果、实验体会和实验程序代码

本附录用两个示例说明实验报告中单个实验的一般书写格式。

A.1 线性表实验报告示例

实验目的：领会采用顺序表存储结构存储线性表的方法,灵活运用二路归并算法解决实际问题。

实验题目：一位教师为两个班讲授 C 语言课程,已有各班的学生分数递减排序表,现在需要生成该课程的所有学生名次表。两个班的分数排序表数据存放在 in1.txt 文件中,共 4 行,第 1 行为第 1 个班的分数,第 2 行为对应分数的学生姓名,后两行是第 2 个班的数据,每行中的数据以空格分隔。例如,有如下 in1.txt 文件：

```
93 90 88 85 85 79 72 72 63
陈斌 万夏 李明 路霞 陈军 张宾 李玲 王华 陈辰
92 91 91 88 87 80 80 72
章伟 李臣 王实 徐英 许强 章涛 曾海 陆涛
```

在学生名次表中包含两个班的全部学生名次、姓名和分数,多个相同名次不重复输出,两个班相同分数者优先输出第一个班的学生数据。上述 in1.txt 文件产生的学生名次表结果如下：

```
          按分数排名
 名次    姓名    分数
————————————————————
 第 1 名： 陈斌    93
 第 2 名： 章伟    92
 第 3 名： 李臣    91
          王实    91
 第 5 名： 万夏    90
 第 6 名： 李明    88
          徐英    88
 第 8 名： 许强    87
 第 9 名： 路霞    85
          陈军    85
 第 11 名：章涛    80
          曾海    80
 第 13 名：张宾    79
 第 14 名：李玲    72
          王华    72
          陆涛    72
 第 17 名：陈辰    63
```

实验要求：除了存放两个班的分数排序表数据外,要求其他部分的空间复杂度为 $O(1)$,主要算法的时间复杂度为 $O(n)$,其中 n 为两个班的学生人数。

实验设计：

1) **数据结构设计**

每个学生分数排序表都是一个线性表,采用顺序表存放学生分数排序表。为了简单,这里直接用列表作为顺序表,列表元素为"[分数,姓名]",两个班的列表分别为 $L1$ 和 $L2$。

2）实验程序结构

本实验程序的结构如图 A.1 所示。

3）算法设计

本实验程序中主要包含如下两个算法。

① readdata($L1,L2$)算法：用于读取 in1.txt 文件中的数据以建立两个学生分数列表 $L1$ 和 $L2$。

② Rank($L1,L2$)算法：用于按实验要求输出所有学生名次表。

设计思路是采用二路归并方法得到一个按学生分数递减排列的序列并求学生名次。由于实验要求主要算法的空间复杂度为 $O(1)$，不能在存储这个序列后再求学生名次，而是在归并中直接得到学生名次并输出。为此用 curr 记录当前学生的名次（从 1 开始），pre 记录当前学生的前驱学生，cnt 记录当前相同分数的人数。基本过程如下：

```
先产生第1名的第1个学生并输出,pre存放该学生,curr=1,cnt=1
当L1和L2均没有遍历完时循环：
    if L1的学生分数≥L2的学生分数(含等号表示相同分数时优先归并L1的学生)
        归并L1的学生,将其作为当前学生
        if 当前学生分数与pre的分数相同
            cnt增1(当前名次不变),输出当前学生名次
        else
            curr+=cnt(修改当前名次),输出当前学生名次
            重置该分数的人数,即cnt=1
        置pre=L1[i]
    else
        归并L2的学生,将其作为当前学生,其操作与上面类似
当上述循环结束后对剩余的学生做与上面类似的操作
```

实验结果：以前面的 in1.txt 作为输入文件，执行结果如图 A.2 所示。

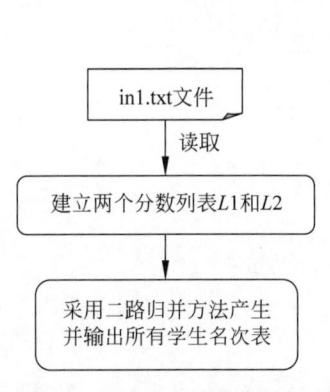

图 A.1 实验 1 的程序结构

图 A.2 实验 1 的执行结果

实验体会：完成本实验题的基本功能有多种方法，例如将所有学生放在一个列表中并按分数递减排序，再求名次，但排序算法的时间复杂度不满足实验要求；又如采用二路归并将归并后的结果放在一个列表中再求名次，但这样空间复杂度不满足实验要求。本实验在读取 $L1$ 和 $L2$ 后，主要算法既采用二路归并，又在归并中直接求名次并输出，时间复杂度为

$O(n)$，空间复杂度为 $O(1)$。

实验程序代码：实验程序 Exp1.py 的代码如下。

```python
def readdata(L1,L2):                    #读取文件数据建立 L1 和 L2
    f=open("in1.txt","r")
    tmp1=f.readline().split()
    tmp2=f.readline().split()
    for i in range(len(tmp1)):
        L1.append([int(tmp1[i]),tmp2[i]])
    tmp1=f.readline().split()
    tmp2=f.readline().split()
    for i in range(len(tmp1)):
        L2.append([int(tmp1[i]),tmp2[i]])
    f.close()

def Rank(L1,L2):                        #二路归并求名次
    i,j=0,0
    curr=1                              #名次从1开始
    cnt=1                               #该分数的人数
    if L1[i][0]>L2[j][0]:               #输出第一个名次为1的学生
        pre=L1[i]                       #作为下一个学生的前驱
        i+=1
    else:
        pre=L2[j]
        j+=1
    print()
    print("        按分数排名")
    print(" 名次    姓名    分数")
    print(" ——————————————————————")
    print(" 第%2d 名：%s\t%d" %(curr,pre[1],pre[0]))
    while i<len(L1) and j<len(L2):      #二路归并输出其他学生名次表
        if L1[i][0]>=L2[j][0]:          #归并分数较高的 L1[i](含相同)
            if L1[i][0]==pre[0]:        #归并的分数与前一个的相同
                cnt+=1                  #累计相同分数的人数
                print("         %s\t%d" %(L1[i][1],L1[i][0]))
            else:
                curr+=cnt               #修改名次
                print(" 第%2d 名：%s\t%d" %(curr,L1[i][1],L1[i][0]))
                cnt=1                   #重置该分数的人数
            pre=L1[i]
            i+=1
        else:                           #归并分数较高的 L2[j]
            if L2[j][0]==pre[0]:        #归并的分数与前一个的相同
                cnt+=1
                print("         %s\t%d" %(L2[j][1],L2[j][0]))
            else:
                curr+=cnt
                print(" 第%2d 名：%s\t%d" %(curr,L2[j][1],L2[j][0]))
                cnt=1
            pre=L2[j]
            j+=1
    while i<len(L1):                    #归并第一个班的剩余数据
```

```
            if L1[i][0]==pre[0]:          #归并的分数与前一个的相同
                cnt+=1                     #累计相同分数的人数
                print("                    %s\t%d" %(L1[i][1],L1[i][0]))
            else:
                curr+=cnt                  #修改名次
                print(" 第%2d 名:%s\t%d" %(curr,L1[i][1],L1[i][0]))
                cnt=1
            pre=L1[i]
            i+=1
        while j<len(L2):                   #归并第二个班的剩余数据
            if L2[j][0]==pre[0]:           #归并的分数与前一个的相同
                cnt+=1                     #累计相同分数的人数
                print("                    %s\t%d" %(L2[j][1],L2[j][0]))
            else:
                curr+=cnt                  #修改名次
                print(" 第%2d 名:%s\t%d" %(curr,L2[j][1],L2[j][0]))
                cnt=1
            pre=L2[j]
            j+=1

#主程序
L1,L2=[],[]
readdata(L1,L2)
Rank(L1,L2)
```

A.2 图实验报告示例

实验目的：领会采用邻接表存储结构存储图的方法,灵活运用广度优先遍历算法解决实际问题。

实验题目：给定一棵无根树,求该树的直径。无根树的直径是指其中最长的路径长度,要求输出该树的邻接表表示和其中任意一条长度等于直径的路径。无根树的数据存放在 in2.txt 文件中,共 n 行,第 1 行为顶点个数 n(顶点编号为 $0\sim n-1$,$2\leqslant n\leqslant 1000$),接下来的 $n-1$ 行每行为 $a\ b$,表示顶点 a 到 b 有一条无向边。例如,有如下 in2.txt 文件:

```
8
1 0
0 5
0 2
0 3
0 4
3 6
6 7
```

上述数据表示的一棵无根树如图 A.3 所示,含 8 个顶点(顶点编号为 0～7)和 7 条无向边。实验程序输出的结果如下:

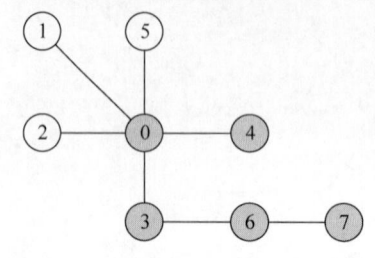

```
图 G
    [0]—>(1)—>(5)—>(2)—>(3)—>(4)—>∧
    [1]—>(0)—>∧
    [2]—>(0)—>∧
    [3]—>(0)—>(6)—>∧
    [4]—>(0)—>∧
    [5]—>(0)—>∧
    [6]—>(3)—>(7)—>∧
    [7]—>(6)—>∧
求解结果
    树的直径: 4
    一条最长路径: [4,0,3,6,7]
```

图 A.3 示例输入对应的一棵无根树

实验要求: 整个程序的时间和空间复杂度均为 $O(n)$。

实验设计:

1) **数据结构设计**

将无根树看成一个不带权的连通图, 采用邻接表存储, 为了简单, 用列表 G 作为邻接表, $G[i]$($0 \leqslant i \leqslant n-1$) 存放 i 的所有邻接点。例如, 示例对应的 G 如下:

```
[[1,5,2,3,4],[0],[0],[0,6],[0],[0],[3,7],[6]]
```

2) **实验程序结构**

本实验程序的结构如图 A.4 所示, 先读取 in2.txt 文件数据建立邻接表 G, 该树的直径对应的路径一定是两个叶子结点的最长路径。从任意一个顶点(例如顶点 0)出发广度优先

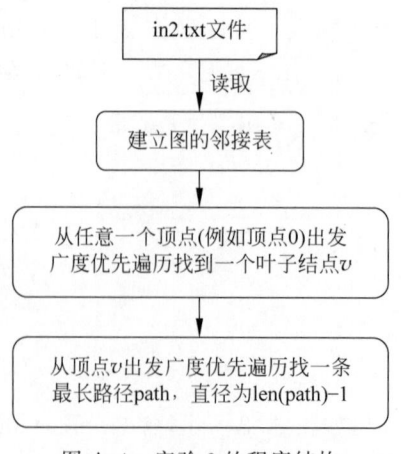

图 A.4 实验 2 的程序结构

遍历,最后出队的顶点一定是一个叶子结点,假设该叶子结点是 v,再从顶点 v 出发广度优先遍历,最后出队的顶点也一定是一个叶子结点;假设该叶子结点是 u,则 v 到 u 一定是一条最长的路径,通过队列反向搜索找到 v 到 u 的路径 path。最后输出直径和 path。

说明:为了简化编程,将无根树的顶点个数 n 和邻接表 G 设置为全局变量。

3) 算法设计

本实验程序中主要包含如下两个算法。

① readdata($L1,L2$) 算法:用于读取 in2.txt 文件中的数据以建立无根树的邻接表 G。

② BFS(v) 算法:从顶点 v 出发进行广度优先遍历,找到最后出队的顶点 u,用 path 存放 v 到 u 的逆路径,即 path[0]=u,path[-1]=v。采用双端队列 deque 作为队列,其元素类型如下:

```
class QNode:                              # 队列中的元素类型
    def __init__(self, no=-1, pre=None):  # 构造函数
        self.no = no                      # 顶点编号
        self.pre = pre                    # 前驱顶点编号
```

其中,pre 属性用于推导一条查找路径(最短路径)。广度优先遍历的过程参见《教程》中的 7.3.3 节。

实验结果:以前面的 in2.txt 作为输入文件,执行结果如图 A.5 所示。

```
图G
  [0]->(1)->(5)->(2)->(3)->(4)->/\
  [1]->(0)->/\
  [2]->(0)->/\
  [3]->(0)->(6)->/\
  [4]->(0)->/\
  [5]->(0)->/\
  [6]->(3)->(7)->/\
  [7]->(6)->/\
求解结果
树的直径: 4
一条最长路径: [4, 0, 3, 6, 7]
```

图 A.5 实验 2 的执行结果

实验体会:无根树(一定是一个连通图)的直径对应的路径一定是两个叶子结点的最长路径,本题实际上是求任意一个叶子结点到另外一个叶子结点的最短路径的最大值,所以采用广度优先遍历。如果采用深度优先遍历,需要找一个叶子结点到每个叶子结点的路径,比较所有路径长度求最大值,这样算法的时间复杂度一定高于 $O(n)$。另外,根据实际顶点个数 n 动态设置邻接表 G 的长度而不是 MAXN(由题意 MAXN=1000),从而保证空间复杂度为 $O(n)$。其实本解法适合任意不带权连通图求这样的直径。

实验程序代码:实验程序 Exp2.py 的代码如下。

```
from collections import deque          # 引用双端队列 deque
def readdata():                        # 读取文件数据
    global n, G
    f = open("in2.txt", "r")
    tmp = f.readline().split()         # 读取顶点个数 n
    n = int(tmp[0])
    G = [None] * n
```

```python
    for i in range(n-1):                            # 读取 n-1 条边
        tmp=f.readline().split()
        a,b=int(tmp[0]),int(tmp[1])
        if G[a]==None: G[a]=[]
        if G[b]==None: G[b]=[]
        G[a].append(b)                              # 看成无向图
        G[b].append(a)
    f.close()

class QNode:                                        # 队列中的元素类型
    def __init__(self,no=-1,pre=None):              # 构造函数
        self.no=no                                  # 顶点编号
        self.pre=pre                                # 前驱顶点编号
def BFS(v):                                         # G 中从顶点 v 出发的广度优先遍历
    global n,G
    visited=[0]*n                                   # 访问标记数组
    qu=deque()                                      # 将双端队列作为普通队列 qu
    qu.append(QNode(v))                             # v 进队
    visited[v]=1                                    # 置已访问标记
    while len(qu)>0:                                # 队不空时循环
        p=qu.popleft()                              # 出队元素 p
        for w in G[p.no]:                           # 找顶点 v 的所有邻接点 w
            if visited[w]==0:                       # 顶点 w 未访问
                visited[w]=1                        # 置已访问标记
                qu.append(QNode(w,p))               # w 进队
    path=[]                                         # 从最后出队的 e 找反向路径
    path.append(p.no)
    while p.pre!=None:
        p=p.pre
        path.append(p.no)
    return path

def solve():                                        # 求解算法
    path=BFS(0)                                     # 从顶点 0 出发的广度优先遍历
    v=path[0]                                       # 找到一个叶子结点
    path=BFS(v)
    return path

# 主程序
G=[]
readdata()
print()
print(" 图 G")
for i in range(n):                                  # 输出图的邻接表
    print("    [%d]" %(i),end='')
    for w in G[i]:
        print("->(%d)" %(w),end='')
    print("->∧")
path=solve()
print(" 求解结果")                                   # 输出求解结果
print("    树的直径:%d" %(len(path)-1))
print("    一条最长路径:",path)
print()
```

图书资源支持

感谢您一直以来对清华版图书的支持和爱护。为了配合本书的使用,本书提供配套的资源,有需求的读者请扫描下方的"书圈"微信公众号二维码,在图书专区下载,也可以拨打电话或发送电子邮件咨询。

如果您在使用本书的过程中遇到了什么问题,或者有相关图书出版计划,也请您发邮件告诉我们,以便我们更好地为您服务。

我们的联系方式:

清华大学出版社计算机与信息分社网站:https://www.shuimushuhui.com/

地　　址:北京市海淀区双清路学研大厦 A 座 714

邮　　编:100084

电　　话:010-83470236　010-83470237

客服邮箱:2301891038@qq.com

QQ:2301891038(请写明您的单位和姓名)

资源下载: 关注公众号"书圈"下载配套资源。

资源下载、样书申请　　图书案例

书圈　　清华计算机学堂　　观看课程直播